瑞秋·卡森

寂靜的春天

Silent Spring

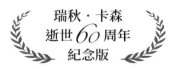

瑞秋·卡森
逝世60周年
紀念版

獻給亞伯特・史懷哲（Albert Schweitzer）

他說過——

「人類失去了預見和預防的能力。他們會因毀滅地球而滅亡。」

目次

致謝 6

前言 9

第1章 明天的寓言 13

第2章 忍耐的義務 17

第3章 死神之藥 27

第4章 陸地之水 51

第5章 土壤王國 65

第6章 地球的綠色斗篷 75

第7章 無妄之災 97

第8章　消失的歌聲　113
第9章　死亡之河　141
第10章　禍從天降　165
第11章　超乎想像的後果　183
第12章　人類的代價　197
第13章　小窗之外　209
第14章　四分之一的機率　227
第15章　自然的反擊　251
第16章　雪崩的轟鳴　269
第17章　另闢蹊徑　283

致謝

一九五八年一月，奧爾加．哈金斯（Olga Owens Huckins）寫了一封信給我，提到她的生活已經變得毫無生機，猛然把我的思緒拽回到我曾一直關注過的問題。當時，我覺得必須要寫這本書。

此後，我得到了很多人的鼓勵和幫助，限於篇幅無法一一列舉。那些無私地與我分享自己多年經驗和研究成果的人們，有些人在美國和其他國家的政府部門工作，有些則任職於大學和研究機構，還有其他領域的專家。對於他們慷慨付出寶貴的時間以及所提的真知灼見，我在此致上最誠摯的謝意。

另外，還要特別感謝那些拿出時間閱讀部分書稿並在專業領域提出建議和批評的人們。雖然本書的準確性和真實性，最終責任由筆者我承擔，但如果沒有以下諸位專家的無私幫助，我不可能完成此書，他們分別是：梅奧醫院的醫學博士巴塞勒謬（L. G. Bartholomew）、德克薩斯大學的約翰．比塞爾（John J. Biesele）、西安大略大學的布朗（A. W. A. Brown）、康乃狄克州韋斯特波特市的醫學博士莫頓．比斯金德（Morton S. Biskind）、荷蘭植物保護局的布雷約（C. J. Briejer）、羅伯與貝西．維爾德野生動物基金會的克萊倫斯．科塔姆（Clarence Cottam）、醫學博士喬治．克雷爾（Goerge Crile Jr.）、康乃狄克州諾福克市的法蘭克．艾格勒（Frank Egler）、梅奧醫院的醫學博士瑪律科姆．哈格雷夫（Malcolm M. Hargraves）、國家癌症研究所的醫學博士休伯（W. C. Hueper）、加拿大漁業研究委員會的克斯維爾（C. J. Kerswill）、自然保護協會的奧洛斯．穆理（Olaus Murie）、加拿大農業部的皮科特（A. D. Pickett）、伊利諾自然歷史調查所的湯瑪斯．史考特（Thomas G. Scott）、塔夫托衛生工程中心的克萊倫斯．塔賽維爾（Clarence Tarzwell），以及密西根州立大學的喬治．華萊士（George J. Wallace）。

任何一本包含大量考證的著作都離不開圖書管理員的嫻熟技巧和熱情幫助。我衷心感謝幫助過我的所有管理員，尤其是內政部圖書館的艾達．約翰斯頓（Ida K. Johnston）和國家衛生研究所圖書館的希爾瑪．羅賓遜（Thelma Robinson）。

本書的編輯保羅．布魯克斯（Paul Brooks），多年來一直給予我鼓勵和支持，並欣然同意一再推遲出版計畫。對此，以及他全面性的編務工作，我將永遠心存感激。

在繁雜的資料蒐集過程中，桃樂西．艾爾格（Dorothy Algire）、傑尼．戴維斯（Jeanne Davis）和貝蒂．達夫（Bette Duff）都竭盡所能，並做出傑出的貢獻。寫作過程中困難重重，如果不是我的管家艾達．斯波（Ida Sprow）的悉心照料，我也不可能完成這項工作。

最後，我還必須感謝那些素不相識的人們，正是他們使本書體現出了價值。是他們率先站了出來，對那些不計後果、不負責任地毒害人類與各種生物的行為說不。現在這些人仍在繼續戰鬥著，他們的義舉將會獲得勝利，並給人類帶來理智和常識，讓我們學會與自然和諧共處。

——瑞秋・卡森

前言

一九五八年，瑞秋．卡森開始寫這本書的時候，她已經五十歲了。她是海洋生物學家兼美國魚類及野生動植物管理局的撰稿人，已關注這些議題大半生。由於一九五〇年前出版的《我們周圍的大海》（*The Sea Around Us*）一書取得了巨大的成功，使她成了聞名世界的作家。這本書和後來的《海之濱》（*The Edge of the Sea*），兩本書的版稅使她能夠全身心地投入寫作中。對於大多數作家來說，這種情形無疑是完美的：聲名顯赫、寫作自由，且不管內容如何，出版社都爭先恐後地等著簽約。人們都認為下一部書將會繼承之前的風格，探索新奇好玩的新知、研究中透出輕鬆快樂的氣氛。實際上，她也是這麼打算的。但是在政府部門工作時，她與同事都為所謂的農業防治計畫中廣泛使用的ＤＤＴ（雙對氯苯基三氯乙烷）和其他長效農藥深感震驚。

這場戰役之後不久，由於意識到了這些危險，她寫了一篇關於這個問題的文章，但是新聞界都對此不屑一顧。十年後，當殺蟲劑和除草劑（其中一些比ＤＤＴ的毒性強很多倍）導致大規模野生動物死亡並摧毀了牠們的家園，甚至威脅到了人類的生存時，她覺得必須站出來，把真相告訴大家。她又寫了一篇文章試圖引起各類媒體的注意。雖然她現在是一名知名作家，但是各出版社害怕失去廣告，因而拒絕刊登。例如，一家兒童罐裝食品公司就聲稱這篇文章會對使用該廠產品的媽媽造成「無端的恐慌」（唯一例外的是《紐約客》，並在《寂靜的春天》出版前連載了部分內容）。因此，唯一的辦法就是寫一本書——因為書商沒有廣告的壓力。最初，卡森想找別人來寫這本書，但是最後決定由自己來完成。許多仰慕她的人都懷疑卡森是否能把這一沉悶的主題寫成一部暢銷書，雖然她也舉棋不定，但這是她必須走下去的使命。「如果繼續保持沉默，我心裡將永遠無法平靜。」她寫給朋友的信中如此說道。

《寂靜的春天》花了四年時間才最終完成。這本書的研究與她之前的作品截然不同。她不能再因為伍茲霍爾實驗室有了新發現，或者退潮時近海岩石露出的水坑而難掩興奮之情了。對於敘述對象的喜悅也必須變得極其客觀真實。還要有非凡的勇氣：在生命最後的幾年裡，用卡森自己的話來說，她「飽受一系列病痛的折磨」。

她很清楚，這將會受到整個化工界的猛烈攻擊。因為她並不是簡單地反對化學藥劑的濫用——更根本的是，她明確指出了現代工業社會對大自然極不負責的態度。果然，這本書受到了冷酷無情、毫無底線的攻擊，可以說自從一個世紀前達爾文《物種起源》出版以來，激烈程度可能無出其右者。

化工界花費了數萬美元來反駁本書並詆毀作者——她被描繪成愚昧無知、歇斯底里的女人，試圖把整個世界拱手讓給昆蟲。但是，事與願違，這些攻擊使得這本書更加出名，恐怕出版社的宣傳也望塵莫及。一家大型化工廠試圖阻止本書的出版，因為卡森使消費者對其中產品產生了抵觸情緒。卡森沒有屈服，這本書如期出版了。

在她不為所動、隻身面對這些非難的同時，《寂靜的春天》帶來的直接結果就是，約翰．甘迺迪總統親自組建了一個科學顧問委員會調查小組來研究殺蟲劑問題。幾個月之後，調查小組的報告出來了，證實了卡森的觀點完全正確。瑞秋．卡森對於自己的成就顯得非常謙虛。當手稿接近完成的時候，她寫信給自己的好友，其中寫道：「我想拯救這個美麗的世界，它在我心中是至高無上的——我對於那些愚蠢、野蠻的做法深惡痛絕……現在我認爲起碼自己能幫點小忙。」實際上，這本書使「生態學」這幾個當時看來還很陌生的字眼，成了那個年代人們追求的熱門事業。它也促成了各級政府對環境展開立法工作。

時至今日，從首版發行開始，《寂靜的春天》已經超出了歷史範疇。這本書架起了史諾（C. P. Snow）稱為「兩種文化」（The Two Cultures）[1]間鴻溝的橋梁。瑞秋．卡森不但是實事求是、業務精湛的科學家，且具備詩人的洞察力和敏感性。她對自然抱有強烈的情感，對此她沒有道歉。用她自己的話來說，了解得越多，越感到「不可思議」。

因此，她把一本死亡之書變成了一首生命之歌。今天重溫舊作，可以看出本書的意義比僅僅描述危機要廣泛得多。這本書讓我們意識到人類所面臨的威脅——化學品對環境的危害——卡森讓我們意識到，人類正用很多其他方式（當時幾乎無人知曉）降低地球上的生命品質。

《寂靜的春天》提醒人們在這個過度組織、過度機械化的時代，個人的主動性和勇氣依然重要：變化可以發生，但不是透過戰爭或暴力革命，而是改變我們自身對世界的看法。

1 兩種文化：於一九五九年在劍橋大學瑞德講座中，英國科學家和小說家C．P．斯諾提出，它的論點是「整個西方社會知識份子的生活」被名義上分成兩種文化，即科學和人文，對解決世界上的問題是一個重大的障礙。

第1章 明天的寓言

A Fable for Tomorrow

從前，在美國中部的一個城鎮裡，一切生物的生長與其環境都十分諧和。城鎮周圍有許多充滿生機的農場，田野裡長滿穀物，山坡上遍地果園。春天，繁花像朵朵白雲點綴在綠油油的大地上。秋天，穿過松林的屏風，橡樹、楓樹和白樺搖曳閃爍，發出火焰般的暖色。狐狸在山丘中呼嘯，鹿兒靜靜穿過原野，動物在秋晨的薄霧中若隱若現。

沿途的月桂樹、莢蒾、榿木、巨大的蕨類以及野花，在一整年都讓人目悅神怡。即使在冬季，道路旁邊也是美不勝收。數不清的鳥兒趕來啄食漿果和雪地裡探出頭的乾草穗頭。事實上，這裡正是因為鳥類豐富、數量繁多而遠近聞名，每當潮水般的候鳥飛落到這裡，人們便長途跋涉，前來觀賞。清爽明淨的小溪從山間流出，形成了有綠蔭掩映、鱒魚戲水的池塘，供人們垂釣捕魚。所以，很多年前首批居民就來到此地築房打井、修建糧倉。

突然之間，整個地區出現了許多怪異的現象，一切都在改變著。邪惡的咒語降臨這個城鎮：神祕的疾病席捲了雞群，牛羊成群病倒、死掉，死神的陰影無處不在。農夫訴說著家人的疾病。城裡的醫生對患者新生的疾病感到困惑和無奈。人們會突然間莫名奇妙地死亡，不僅是成人，甚至就連孩子也會在玩耍時突然患病，並在幾個小時內死去。

一種神祕的寂靜瀰漫在空氣中。鳥兒都去哪兒了？許多人迷惑、不安地問著。常有鳥群飛來啄食的後院裡已變得冷清。有些地方僅能見到幾隻奄奄一息的鳥兒，牠們費勁地抖著，無法展翅飛翔。這是一個無聲的春天。這裡的清晨，曾經飄蕩著知更鳥、貓鵲、鴿子、樫鳥、鷦鷯以及很多其他囀鳴的鳥兒，現在卻沒有了一絲聲響。周圍的田野、樹林和沼澤都湮沒在一片沉寂之中。

農場上的母雞在孵蛋，卻沒有小雞破殼而出。農夫都在抱怨無法養豬——新生的豬仔太小，而小豬也活不過幾天。蘋果樹花兒開了，但是花叢中卻不見蜜蜂嗡嗡地飛來飛去。所以，蘋果花無法授粉，也就不會有果實。小路旁邊的景色曾經那麼討人喜愛，如今立在那兒的卻只有焦黃、委靡的植物，就像經歷了一場大火。這些地方都失去了生機，呈現一片死寂。甚至小溪也無法倖免。釣魚的人再也不來了，因為所有的魚都死了。

屋檐下的水槽裡和房頂的瓦片之間，還隱約地能看出敷著一層白色的粉粒。幾個星期之前，這種白色粉粒像雪一樣落在房頂、草坪、田野和小溪裡。這個世界變得傷痕累累，可這施害的不是魔法，也不是什麼天敵，而是人類自己。

雖然這個城鎮是筆者假設的，但是可以輕易找到千百個如上述環境正在遭到破壞的城市。我知道，並沒有哪個城鎮遭受過我所描述的所有災難。但有些地方，上面列舉的部分災禍實際上已經出現了。很多地方已經發生了大量的不幸。人們沒有意識到，一個面目猙獰的幽靈向我們襲來。人們應該知道，我想像出的這一悲劇有可能變成赤裸裸的現實。那麼，是什麼讓無數個城鎮在春天沉寂下來呢？本書將嘗試著予以解答。

第2章

忍耐的義務

The Obligation to Endure

在地球上，生命的進化過程中，生物和環境相互作用。地球上動植物的自然形態和生活習性，在很大程度上都是由環境塑造的。就地球存在的時間而言，生命改造環境的反作用是微不足道的。直到出現了一個新物種——人類，尤其是到了二十世紀，生命才獲得了改造自然的巨大力量。在過去四分之一的世紀裡，這種能力不僅增長到了令人不安的程度，而且有了本質上的變化。相比起來，最令人擔憂的是人類對環境的侵襲。空氣、土地、河流和海洋都受到了嚴重的，甚至致命的汙染。這種汙染是難以恢復的。它所引起的一連串負面效應也在很大程度上不可逆轉，它們不但出現在孕育生命的外部世界，而且進入生物的內部組織。在對環境的普遍汙染中，化學藥品危害很大，甚至與輻射不相上下，只是我們所知甚少。在核爆炸中所釋放的鍶90，會隨著雨水或以飛塵的形式降落到地面，進入土壤，然後被草、穀物和小麥吸收。最終，在人的骨骼中儲存，直至其死亡。同樣，噴撒在農田、森林和花園的農藥，長期存在於土壤裡，然後進入生物體內，引起動植物中毒與死亡，並在食物鏈中不斷遷移。或者在地下水中潛伏遊蕩，等它們再度出現時，會透過空氣和陽光的作用，結合成新的化合物。這種新物質會毀壞植被，導致動物患病，並且給那些曾經長期飲用井水的人們在不知不覺中造成傷害。正如亞伯特．史懷哲所說：「人們甚至還不認識自己創造出的魔鬼。」

地球上物種的進化和演變經歷了億萬年的時間，在這一過程中，生物逐漸適應了周圍的環境，並與之和諧相處。自然環境中包含著各種有利和不利的因素，極大地影響著生物的形態，並指引著生物進化的方向。某些岩石會放出有害的輻射；就連給予生命能量的陽光，也包含著傷害生命的短波輻射。生物的進化與自然的平衡，所需要的時間不是一年兩年，而是上千年。時間是最基本的要素，但在當今的世界裡找不出充裕的時間。各種變化和新情況，都緊隨著人類無暇他顧的步伐疾步向前，而不是跟著大自然的腳步從容行進。

遠在地球生命出現之前，輻射就早已存在了，它遍布於放射性岩石、宇宙伽馬射線暴和太陽紫外線之中。當今的輻射是基於原子試驗的人工研究。生命在做出調整的過程中所遇到的化學物質再也不是從岩石裡沖刷出來，由河流帶到大海裡的鈣、矽、銅以及其他無機物了。它們是實驗室裡別出心裁創造出的人工合成物，而這些物質在自然界中是無法產生的。

適應這些化合物所需的時間要以自然歷史的維度進行衡量，它耗費的不是一代人的時間，而是幾代人的生命。即使發生奇跡，使適應變得可行，結果也是徒勞的，因為新的化學物質就像源源不斷的溪流從我們的實驗室裡噴湧而出。單就美國而言，每年大約就有5百種新的化學物質被實際施用。這麼大的數量令人震驚，但其危害卻不是顯而易見的——人和動物的身體每年都要去適應這5百種新的化學物質，這遠遠超出了生物體所承受的極限。

人類為了征服大自然而使用這些化學物質，從十八四〇年代中期以來，人們創造了2百多種基本的化學藥品，用於殺死昆蟲、野草、嚙齒動物和俗稱為「害蟲」的其他生物。這些化學藥品的商標數量高達上千種。這些噴劑、藥粉和氣霧劑被廣泛用於各個農場、森林、果園和家庭。這些化學藥品威力巨大，昆蟲無論「好壞」，一律格殺勿論。就是它們讓鳥兒的歌聲沉寂，讓河裡的魚兒悄無聲息，給樹葉蒙上一層致命的薄膜，並長期滯留在土壤中——人們原本的目的可能僅僅是殺死幾種雜草和昆蟲。又有誰會相信在地球上投下化學煙幕彈，不會給所有的生命造成危害呢?它們不應該叫做「殺蟲劑」，理應稱為「殺生劑」。使用化學藥品的整個過程就像一個無盡的螺旋上升氣團。自從DDT允許使用以來，隨著更多有毒物質不斷出現，一個不斷升級的過程開始了。因為昆蟲成功地證明了達爾文的適者生存法則，牠們進化並產生了抗藥性。因此，人們會發明一種藥性更強的藥品，昆蟲再適應，然後又生產毒性更大的毒藥。其原因後面有所解釋，在噴撒藥物之後，害蟲常常會捲土重來或者死而復生，數量甚至比以前更多。這樣下去，化學戰爭不可能取勝，而所有的生命都在殘酷而猛烈的炮火下遭殃。

人類除了有可能被核戰爭所毀滅之外，如今還面臨一個大問題，那就是對整個環境的汙染，有些物質的破壞力量令人難以置信——它們在動植物的組織裡累積，甚至滲入到生殖細胞中，損壞或者改變決定未來形態的遺傳物質。

一些自稱人類未來工程師的人們，期望有一天可以改變甚至設計我們的遺傳細胞。但是由於我們的疏忽大意，今天就可以輕易地做到這一點。因為很多化學藥品跟輻射一樣，能夠輕易地導致基因突變。表面上一件微不足道的小事，諸如噴撒殺蟲劑，可能會決定人類的未來，這樣一想，不免覺得有些諷刺。

冒這麼大的風險，為的是什麼呢？將來的歷史學家也許會為我們權衡利弊的低下判斷力感到驚奇。智力發達的人類怎麼會為了控制幾種不需要的生物，寧可汙染整個環境，並給自身帶來疾病和死亡的威脅呢？然而，這恰恰是我們所做的！有時候我們還沒有搞清楚狀況就已經開始了行動。

我們聽說殺蟲劑的廣泛使用是維持農場產量所必需。然而問題不正是「生產過剩」嗎？雖然我們採取措施，減少農作物的耕地面積，並且付錢給農民，不讓他們耕作，但過剩糧食還是到了令人咂舌的地步，美國僅在一九六二年這一年之內用於存貯糧食方面的稅收就超過十億美元！農業部的一個部門試圖減少生產，另一個部門卻如同它在一九五八年所做的那樣唱起了反調：「一般情況下，在土地銀行的規定下，耕地面積將減少，爲了在現有土地上獲得最大產量，人們會使用更多的化學農藥。」這樣的話，能解決問題嗎？

不是說昆蟲不是問題，或不需要進行控制。我的意思是，控制必須結合實際，不能基於毫無根據的臆想，也不要使用那些連同我們跟害蟲同歸於盡的方法。

在嘗試解決問題的過程中，產生了一系列災難，這也是我們現代生活的產物。在人類出現很久之前，昆蟲就是地球上的居民了。牠們種類繁多、適應力強。在人類出現以來，50多萬種昆蟲中的一小部分，主要以二種方式與人類的利益相衝突：一是爭奪食物；二是傳播疾病。在人口擁擠的地方，傳播疾病的昆蟲就會發威。例如在爆發自然災害、發生戰爭或是極端貧困的情況下，衛生狀況很差，這時對一些昆蟲進行控制就非常必要。我們應該清醒地認識到，化學藥品的大量使用僅取得了有限的成功，我們本打算用這種方法改善狀況，卻可能會使情況變得更加糟糕。

在原始農業條件下，昆蟲不是問題。這個問題的出現是伴隨著農業的規模化生產而出現的——在大面積的土地上種植同一種作物。這樣的耕作方法為某種昆蟲數量的爆發提供了有利條件。這種耕種方式只是工程師想像中的農業，並不符合自然規律。大自然賦予大地多樣性，但人們卻熱衷於簡化它。這樣，人類親手毀壞了自然界中業已存在的制約和平衡機制，大自然中的生物之所以維持在一定數量，就是因為平衡機制的存在。大自然對每種生物適宜的棲息地都做了一定的限制。很明顯，一種食麥昆蟲在麥田的繁殖速度要比套種其他作物的農田的速度快得多，因為這種昆蟲不適應其他作物。

其他情況下也發生過類似的事情。在上一代人或更久以前，美國大城鎮的街道兩旁都種上了榆樹。而現在，他們滿懷希望所創造的美麗風景遭受著完全毀滅的風險，因為某種由甲蟲傳播的疾病席捲了所有的榆樹。如果栽上多種植物的話，甲蟲就不可能泛濫成災了。

另一方面，現代昆蟲問題也要放在地質學和人類歷史的背景中思考：成千上萬不同種類的生物從自己的領地不斷蔓延至新的區域。英國生態學家查爾斯·艾爾頓（Charles Sutherland Elton）在其最新著作《入侵生態學》（*The Ecology of Invasions*）中對世界性的大遷徙進行了研究和生動的描述。在億萬年前的白堊紀，肆虐的海水切斷了很多大陸橋，各種生物被困在艾爾頓所稱的「巨大的獨立自然保護區」內。牠們與同類的夥伴被隔絕開來，慢慢進化出了許多新的物種。大約在一千五百萬年以前，當一些大陸被重新連接後，這些物種開始遷移到新的地區。這一運動現在仍在進行，而且得到了人類的大力協助。

植物的進口是當今物種傳播的主要原因，因為動物總是一成不變地追隨著植物遷徙。檢疫手段雖然很新，但是並不完全有效。光是美國植物引進署就從世界各地引進了大約20萬種植物。大約180種植物害蟲，其中一半左右是意外地從國外帶進來的，而大多數是搭植物便車過來。

在新的領地，由於缺乏天敵，入侵的動植物可能不受限制，因此泛濫成災。所以，我們面臨最麻煩的昆蟲問題，並不是偶然的。這些入侵活動，不管是自然發生的，還是我們人類造成的，可能會無休止地進行下去。檢疫和化學之戰僅僅是花錢與時間玩要。我們所面臨的情況正如艾爾頓博士所說，「我們需要的不僅僅是抑制某種動植物的新技術」；重要的是，我們需要掌握動物種群與環境的關係，來「促進生態平衡，抑制昆蟲的爆發，並且防止牠們入侵」。

很多必備知識唾手可得卻不為使用。我們在大學裡培養生態學家，甚至僱他們來政府部門工作，卻把他們的話當作耳邊風。我們任憑致命的化學藥劑像下雨似地噴撒，彷彿別無他法。事實上，只要提供機會，憑我們的聰明才智，一定可以很快地發現其他辦法。

我們是否被催眠了，失去了判斷好壞的意志和能力，進而不得不接受低劣有害的東西呢？用生態學家保羅．捨帕德的話來說：「我們剛把頭探出水面就覺得心滿意足，卻不知環境的崩潰近在咫尺……為什麼我們要對有毒的食物保持緘默，忍受周圍的孤寂，並縱容他人與並非眞正敵人的『老相識』開戰，還要忍耐快要使人發瘋的機器轟鳴？又有誰願意生活在這樣死氣沉沉的世界上呢？」

然而，這就是我們所面對的世界。創造一個無菌、無蟲害的世界激起了一部分專家和大多數所謂管理機構的極大熱情。無論從哪方面看，那些忙著推廣農藥的人們都在濫用權力。康乃狄克州的昆蟲學家尼利．透納（Neely Turner）說道：「負責監管的昆蟲學家扮演著起訴人、法官和陪審、估稅員、稅務員和司法官員等多種角色，來發號施令。」

我並不是說完全不能使用化學殺蟲劑。我要指出的是，隨意地把毒性很強和對生物影響巨大的化學藥劑交給那些對此所知甚少或者一無所知的人很危險。我們沒有經過人們的同意，也沒有告知他們其中的危害，就讓這麼多人接觸到了這些毒藥。《權利法案》中沒有規定：公民有權不受致命毒藥的威脅，不管來自於個人，還是政府官員。這是因為，縱使我們的祖先智慧過人，具有遠見卓識，也無法預料這樣的問題。

此外，我還要強調，我們很少或從未調查化學藥品對土壤、水、野生動物以及人類自身的影響，就允許它們投入使用。由於我們不夠謹慎，對滋養萬物的整個自然世界未能給予足夠關切。將來，子孫可能不會原諒我們的所作所為。人們對於威脅的實質認識有限。這是一個專家的時代，每個人只看到自己的問題，而意識不到或者不願意把它放在更加宏觀的層面。這也是一個工業主宰一切的時代，為了賺錢不計代價的風氣到處肆虐。

當人們抓住一些殺蟲劑造成破壞的確鑿證據而群起抗議時，政府就會給他們餵下鎮定藥丸兒，成分是一半真相一半謊言。我們需要盡快結束這份虛假的承諾，不要再為醜惡的事實包裹糖衣。滅蟲人員所造成的危害正由公眾承擔。只有在了解到事實的真相之後，人們才可以做出決定，是否該沿著這條路走下去。正如尚·羅斯丹（Jean Rostand）所言：「忍耐的義務給予了我們了解眞相的權利。」

第3章 死神之藥

Elixirs of Death

每個人從出生到死亡，每天都不得不接觸危險的化學藥品，這在世界歷史上還是頭一遭。自投入使用以來不到二十年的時間裡，殺蟲劑傳遍了世界各個角落。大部分的水系，甚至連看不見的地下水都含有藥物殘留。十幾年前使用過的化學藥物仍然會殘留在土壤中。它們已經侵入到了魚類、鳥類、爬行動物、家畜和野生動物的體內。在科學家進行的動物實驗中，沒有發現不受其影響的動物。無論是在偏遠的山澗湖泊中的魚、在土壤中蠕動的蚯蚓、在鳥蛋裡，甚至在人的身體裡都發現了化學藥物的身影。如今，無論男女老少，大部分人體內都有化學殘留。它們會出現在母親的奶水中，而且有可能入侵胎兒的身體組織。

所有這一切，都是因為生產殺蟲劑的化工產業突然崛起和迅猛擴張。這種工業是第二次世界大戰的產物。在研製化學武器的過程中，人們發現有些實驗室中的化學藥品可以殺死昆蟲。這一發現絕非偶然，因為昆蟲曾被普遍用來試驗，當了人類的替死鬼。結果，人類源源不斷地生產合成殺蟲劑。在製造過程中，科學家巧妙地操控分子，代替原子，改變它們的排列，這些是戰前簡單的殺蟲劑所無法比擬的。這些化學品的原料——如砷、銅、錳、鋅以及其他的化合物，都取自天然的礦物和植物，例如乾燥菊花做的驅蟲粉，菸草類中的尼古丁硫酸鹽，東印度群島豆科植物中的魚藤酮（rotenone）等。

新型合成殺蟲劑之所以與眾不同是因為它們對生物影響巨大。它們的威力不僅在於毒性大，而且可以破壞人體最關鍵的生理過程，引起病變並導致死亡。如我們所知，它們摧毀了保護人類免受傷害的酶，妨礙人類獲取能量的氧化過程，破壞各器官本來的功能，還可能引起細胞發生慢性不可逆變化，導致惡性腫瘤的出現。然而，每年還會有新的、更多的致命化學藥物問世，也出現了新的用途，所以全世界都與這些藥物更親密地接觸。一九四七年，美國合成殺蟲劑的產量為5萬6千噸，到了一九六〇年，這一數字飆升到28萬噸，增長了5倍多。這些產品批發總價超過2億5千萬美元。但是，從化學工業的計畫和遠景看來，這僅僅是開始。

因此，殺蟲劑應該引起每個人的重視。如果我們與它密不可分，我們的飲用水以及食物中，甚至骨髓裡都有，那麼，我們最好了解一下它們的特性和藥力。儘管第二次世界大戰標誌著殺蟲劑從無機化合物轉向奇妙的碳分子世界，仍然有少數物質得以保留。主要物質之一就是砷，它是除草劑和殺蟲劑的主要成分。砷的毒性很強，廣泛分布於各種金屬礦石中，少量存在於火山、海洋和溫泉中。它與人類關係複雜、淵源頗深。因為很多砷化物是無味的，所以從波吉亞家族（Borgias）[2]起，人類就選擇用它來殺人。大約早在兩個世紀之前（十九世紀），一位英國醫師已經發現，煙囪灰中含有的砷與一些芳香烴一樣致癌。長期以來，砷引起人類慢性中毒現象是有案可尋的。

日常環境中的砷汙染也會導致馬、牛、羊、豬、鹿、魚和蜜蜂等生物患病或死亡。即便如此，砷霧劑和藥粉仍在廣泛使用。長期使用砷粉劑的農民患上了慢性砷中毒，牲畜也因含砷的噴劑和除草劑而中毒。噴撒在藍莓地裡的砷藥粉飄落在附近的農田裡，汙染了溪流，最終使蜜蜂和乳牛中毒，並導致人類得病。「我們國家對砷汙染不管不顧的做法，簡直到了極端的地步……」環境致癌權威機構——國家癌症研究院（National Cancer Institute）的休伯說：「任何人只要見過工人使用噴粉機和噴霧器的工作狀態，就一定會被他們處理這些有毒物質隨意的態度所震懾。」

現代殺蟲劑更加致命。大部分藥劑可歸為兩個化學品門類：一類是以DDT為代表的「氯代烷」；另一類是包含各種有機磷的殺蟲劑，以較為常見的馬拉松（malathion）和巴拉松（parathion）為代表。如前文所提到的，它們的共同點都是以碳原子為基礎，這是生物不可或缺的基本成分，因而稱為「有機物」。要了解它們，我們必須明白它們是什麼，以及如何製成。儘管與構成生物的化學物質相似，它們還是被改造成了死神的手下。

碳原子可以任意地與鏈、環或其他結構中的碳原子互相結合，並無限地繼續下去，也可以與其他物質的原子相結合。事實上，從細菌到巨大的藍鯨，自然界中令人歎為觀止的生物多樣性正是源於碳的這種特性。複雜的蛋白質分子就是以碳原子為基本成分，如脂肪、碳水化合物、酶、維生素等。很多非生物也是如此，因為碳並不代表生命。一些化合物只是碳氫的簡單組合。其中最簡單的是甲烷，又稱沼氣，它是自然界中水下有機物經細菌分解產生的。甲烷與一定比例的空氣混合，就會變成煤礦中可怕的「瓦斯」。它的結構極其簡單，由1個碳原子和4個氫原子組成。

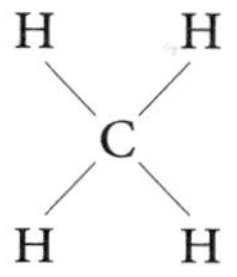

化學家發現，可以去掉一個或者全部的氫原子，用其他原子替換。例如，用1個氯原子代替1個氫原子，可以製成氯化甲烷；

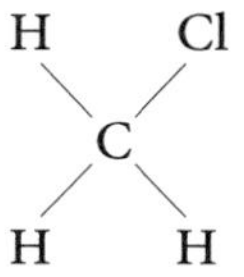

2 波吉亞家族（Borgias）：歐洲中世紀的貴族家族，發跡於西班牙的瓦倫西亞，顯赫於義大利文藝復興時期。相傳他們謀取聖座控制權、偷竊、強暴、賄賂、亂倫、謀殺（譬如毒殺）等劣跡，人稱「史上第一個黑手黨家族」。

用3個氯原子替換3個氫原子，可以製成麻醉氯仿；

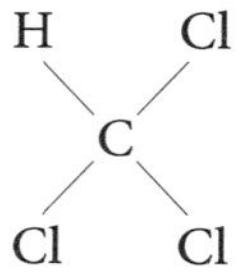

把所有的氫原子都替換成氯原子，就會生成最常見的清潔劑——四氯化碳。

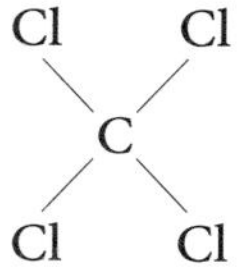

簡單說來，這些圍繞甲烷分子的基本變化說明了氯代烷的構成。但是，這種簡單的說明與烴的真正複雜性，或者有機化學家創造各種材料的豐富手段相去甚遠。除了單一碳原子的甲烷外，他們還能夠改變許多碳原子組成的碳水化合物分子。這些碳原子呈環狀或鏈狀，還有側鏈和分支。連接它們的化學鍵不僅僅是氫原子和氯原子，還有各種化學基團。看似微不足道的變化，足以完全改變物質的特性。例如，不但附著的元素很關鍵，就連附著的位置都至關重要。如此精巧的操控催生了一系列殺傷力巨大的毒藥。

一位德國化學家在一八四七年首次合成了DDT。但是直到一九三九年，人們才發現它具有殺蟲的特性。隨即，DDT被譽為害蟲的終結者，可以一夜之間剷除害蟲，幫農民打贏戰爭。瑞士人保羅．馬勒（Paul Müller）因為發現了DDT的殺蟲功效而獲得了諾貝爾獎。現在，DDT廣為使用。大部分人認為這是一種常見的無害產品。這一印象可能源於戰爭時期，成千上萬的士兵、難民和囚犯在身上塗撒DDT來對付蝨子。這麼多人都在親密接觸DDT，而沒有產生直接的危害，所以人們普遍相信這種化學品肯定是安全的。這樣的誤解倒也可以理解，與其他氯化物不同，乾粉DDT不容易透過皮膚而被吸收。溶於油的話，DDT一定有毒，也是最常被如此使用。如果吞食了DDT，它會經由食道被慢慢吸收；還可能透過肺吸收。一旦進入人體，就會存留在富含脂肪的器官（因為DDT本身溶於油脂），例如：腎上腺、睪丸、甲狀腺。相當大一部分DDT會滯留在肝、腎以及包裹著腸膜的脂肪裡。

可以想像，DDT在體內的存量從最小的攝入量（殘留於大多數食物中），直至很大的幅度。脂肪就像倉庫一樣，起著生物放大器的作用。因此食物中0.1 ppm的微小攝入量，都會在體內積累到百萬分之10到15 ppm，增加1百多倍。這些數字在化學家或藥物學家的眼裡稀鬆平常，但我們大部分的人卻對此所知甚少。1 ppm，聽起來很小，也確實很小。但是，這些化學藥物藥效驚人，極小的量便足以引起巨大變化。動物實驗發現，3 ppm 的量就可以抑制心肌中一種重要酶的作用；5 ppm 就會引起肝細胞的壞死或衰變。而 2.5 ppm 的狄氏劑（dieldrin）和氯丹（chlordane）效果是一樣的。這並不令人詫異，在正常人體中化學物質的細微差別就能導致結果產生巨大差異。例如，1萬分之2克的碘就足以決定人的健康與疾病。由於少量的殺蟲劑是逐漸積累的，而且排泄過程十分緩慢，所以肝臟以及其他器官的慢性中毒和退化病變確實存在。

關於人的體內會存留多少DDT，科學界還沒有一致的說法。食品與藥品監督管理局的主任，藥物學家阿諾德·萊曼博士（Dr. Arnold Lehman）說，因為DDT的吸收不存在下限，也沒有上限，所以，不管多少都會吸收。另一方面，美國公共衛生署的維蘭德·海耶斯（Dr. Wayland Hayes）卻認為，每個人的體內都會有一個平衡點，超過這個限度，DDT就會排泄出來。實際上，誰的觀點才正確並不重要。我們已經對DDT在人體的殘留進行了充分的調查，並且了解到普通人體內的殘留具有潛在危害。各項研究表明，沒有直接接觸的人（不可避免的飲食除外）平均殘留量為 5.3 到 7.4 ppm；從事農業勞動的人為 17.1 ppm，殺蟲劑工廠裡工人的數值居然高達 648 ppm！可見殘留藥物的變化幅度很大。更重要的是，即使最小的數值也已經超過了對肝臟、其他器官和組織的承受能力。

DDT以及同類化學藥品最危險的一個特徵是，它們可以透過食物鏈，從一個有機體內轉移到另一個有機體。例如，在苜蓿地噴撒了DDT，然後把苜蓿餵給母雞，母雞下的蛋中也會含有DDT。或者，把含有7到8 ppm DDT的乾草餵養乳牛，牛奶中就會含有大約3 ppm的DDT，但是在牛奶製成的奶油中，其濃度會驟升至65 ppm。透過這樣的傳導過程，本來很小量的DDT，最後會達到很高的濃度。雖然食品藥品監督管理局禁止州際貿易中的牛奶有農藥殘留，但是如今，農民很難找到未受汙染的飼料來餵養乳牛。

毒素還可以從母親身上傳給子女。食品藥品監督管理局的科學家已經從人奶取樣中檢測出了農藥成分。這意味著嬰兒在母乳餵養的時候，也在不斷地吸收、積蓄有毒的化學毒素。然而，這絕不是小孩子第一次接觸有毒化學品，有充分的理由相信，他們在胚胎時期就已經開始「吸毒」了。動物實驗表明，氯化氫農藥可以毫不費力地穿過胎盤壁壘，而胎盤正是胚胎與母體之間阻擋有害物質的保護層。雖然，嬰兒透過這種方式吸收的有毒物質比較少，卻不容忽視，因為孩子比大人更容易中毒。這就意味著，普通人從一出生就吸收有毒物質，並在以後的生命裡不斷累積。

所有的事實——即使人體內積累的毒素很少，但是加上之後的蓄積，正常飲食中的化學殘留也會對肝臟造成各種損傷，它促使食品與藥物管理局早在一九五〇年就宣布，「DDT潛在的危害極有可能被低估了」。醫學史上類似的情況絕無僅有，沒人知道最終的結果……

另一種氯代烷——氯丹，不僅具有DDT所有令人討厭的性質，還擁有一些個別的特性。其殘留物會在土壤、食物或施用過氯丹的物體表面長期滯留。它無孔不入，可以透過皮膚滲入，還會以噴霧或粉末的形式吸入。如果吞食了氯丹殘留物，理所當然地會被消化道吸收。與其他氯代烷一樣，氯丹也會在體內慢慢累積。動物實驗表明，進食若包含了2.5 ppm的氯丹，最終在動物脂肪中會增加到75 ppm。像萊曼博士這樣經驗豐富的藥物學家曾在一九五〇年稱，「氯丹是毒性最強的殺蟲劑之一，任何接觸的人都可能中毒」。對於這個警告，誰也不當回事，郊區的居民依然我行我素，隨意使用氯丹配製殺蟲劑，並慷慨地噴散在自家的草坪上，以為沒有立即患病就沒有任何說服力。毒素可以在他們體內潛伏很久，直到幾個月或幾年後才突然發病。但那個時候病因已經不可能查清了。另一方面，死神也可能突然降臨。一位受害者不小心把一種25%的工業溶液灑到皮膚上，40分鐘內就出現了中毒跡象，還沒來得及搶救就死了。即使提前警告能夠及時處理中毒，但無法解決問題。

氯丹的成分之一——七氯，在市場上作為單獨的製劑出售。它極易被脂肪吸收貯存。如果飲食中包含1 ppm的七氯，體內就會積聚起大量毒素。此外，它還可以神奇地變換成另一種不同的物質——環氧七氯。這樣的變化在土壤中以及動植物組織中都會發生。鳥類藥物實驗表明，這種轉變產生的環氧化物比原來的七氯毒性更強，而七氯已經是氯丹的4倍了。

早在一九三〇年代中期，人們便發現了一類特殊的烴類——多氯萘。在工作中直接接觸的人會得肝炎，這也是一種罕見且難以治癒的致命疾病。它能導致從事電氣工業的工人患病，甚至死亡。最近，人們認為它導致了農戶的牛群得上了奇怪的致命疾病。鑒於這些先例，不難理解，毒性最強的三種殺蟲劑是與這類烴相關的狄氏劑、阿特靈（aldrin）和異狄氏劑（endrin）。

狄氏劑是以德國化學家奧托·狄爾斯（Otto Diels）的名字命名。吞食狄氏劑的話，它的毒性是DDT的5倍，但是狄氏劑溶液被皮膚吸收後，其毒性相當於DDT的40倍。狄氏劑臭名昭著，因為它使人快速發病，並攻擊受害者的神經系統，使患者出現抽搐等症狀。中毒的人恢復過程十分緩慢，足以證明其危害的持續時間很長。像其他氯代烷一樣，也包括對肝臟造成嚴重損傷。儘管它的使用會大規模地毀滅野生動物，但是由於藥效持久、殺蟲功效顯著，狄氏劑成為應用最廣的殺蟲劑之一。鵪鶉和野雞的實驗證明，狄氏劑的毒性大約是DDT的40到50倍。

狄氏劑是如何在體內貯存、分布和排泄的，我們不甚了解。因為化學家創造殺蟲劑的才能遠遠超出我們的想像，而這些化學藥品對生物體的影響，我們還沒搞清楚。然而，種種跡象表明，藥物殘留會長期存留於人體，像休眠的火山一樣，當人產生生理壓力消耗大量脂肪時，它們就會突然爆發。我們所知道的資訊，大都來自世界衛生組織艱苦的抗瘧運動。在瘧疾防治中，自從狄氏劑取代DDT後（因為蚊子已經對DDT產生了抗藥性），噴藥人員開始出現中毒現象。病症發作非常劇烈，一半甚至全部的中毒者（因工作情況，病症各異）發生了痙攣，一些人死去；一些人在接觸完藥物四個月之後才出現抽搐現象。

阿特靈是蒙著一層面紗的物質，略顯神祕。因為它雖然是獨立存在的個體，但又因其變化而與狄氏劑緊密相關。如果一片蘿蔔地使用了阿特靈，這裡的蘿蔔會有狄氏劑殘留。這種變化能在機體組織裡發生，也能在土壤裡發生。這種神奇的變化已經導致了許多錯誤的報告。因為化學家要檢測的目標是阿特靈，所以他們認為殘留已經消失了。實際上，殘留物已經變成了狄氏劑，因而需要其他的檢測方法。

跟狄氏劑一樣，阿特靈也有劇毒，會引起腎臟和肝臟的退化病變。一片阿司匹靈大小的劑量，就足以殺死400多隻鵪鶉。已有很多人類中毒的案例，其中大多數與工業接觸有關。

與很多同類殺蟲劑一樣，阿特靈給未來投下了一層可怕的陰影——不孕症。野雞吃下很小的劑量不會死去，下蛋卻大大減少，而且孵出的小雞不久便會死去。這種影響不局限於禽類。接觸阿特靈的母鼠，懷孕次數也會減少，而且幼鼠多病短命。經過阿特靈治療的母狗，產下的小狗三天就死了。這些動物的後代都因為某種原因而受難，原因就是父母體內的毒素。沒人知道，同樣的悲劇是否會發生在人類身上。但是，這種化學藥物已經透過飛機撒向了郊區和農田。

異狄氏劑是所有氯代烷中毒性最強的。雖然化學性質與狄氏劑關係緊密，分子結構的細微變化卻使它的毒性多於狄氏劑的5倍。此類殺蟲劑的始祖——DDT的毒性與異狄氏劑相比可以算得上是無毒無害。異狄氏劑對哺乳動物的毒性是DDT的15倍，對魚類而言是30倍，對於一些鳥類則高達3百倍。在投入使用的十年中，異狄氏劑毒死了不計其數的魚類，漫步在果園的牛也會身中劇毒。井水也被汙染。至少有一個州的衛生部門發出警告：盲目使用異狄氏劑已經威脅到了人類的健康。

在一起最悲慘的中毒事件中，並沒有出現明顯的疏忽，因為已經採取了足夠的預防措施。一個一歲的美國小男孩跟著父母搬到了委內瑞拉。他們在新家裡發現了蟑螂，所以，幾天後他們使用了含有異狄氏劑的噴劑。大約早上九點，在開始噴藥之前，孩子和小狗都被帶到了屋外。噴藥過後，父母又清洗了一遍地板。下午的時候，孩子和小狗才被帶回到屋裡。大約一小時後，小狗開始嘔吐、抽搐，最後死去。當天晚上十點左右，孩子也開始嘔吐、抽搐，失去知覺。與異狄氏劑致命的接觸，使這個本來健康的正常孩子變成了植物人——看不見、聽不到、肌肉頻繁痙攣，完全與世界隔絕開來。在紐約一家醫院裡經過幾個月的治療，也沒能改善狀況，或帶來一絲改善的希望。主治醫師說：「出現有效恢復的機會非常渺茫……」

第二大類殺蟲劑——烷基或有機磷酸鹽，可躋身於毒性最強的化學品之列。與其應用伴隨的是急性中毒。噴藥作業或者碰巧接觸到漂浮的飛沫，以及噴撒過藥劑的蔬菜和丟棄的藥劑容器都有危險。在佛羅里達州，兩個小孩找到一個空袋子，用它來修補盪鞦韆。不久，他們便死去了，另外三個小玩伴也病倒了。原來，這只袋子曾用來裝一種叫做巴拉松的殺蟲劑，這是一種有機磷酸鹽。經檢驗證實，兩個孩子死於巴拉松中毒。另外有一次，威斯康辛州的一對小表兄弟在同一晚上死去。其中一個孩子在自己家的院子裡玩耍時，農藥飄進了院子，因為當時他的父親在附近的田地裡給馬鈴薯噴撒巴拉松。另一個小孩跟著自己的父親跑進穀倉玩耍，並用手抓了一下噴霧器的噴嘴。

這些殺蟲劑真的很諷刺。雖然一些化學品——磷酸有機酯，人類早已熟知，但是直到一九三〇年代末，才由德國化學家格哈德．施瑞德（Gerhard Schrader）發現其殺蟲功效。德國政府立刻意識到，這些化學品可以作為在戰爭中對付敵人的新強大武器，於是便宣布這個研究工作為重要機密。一些化學物質被製成了神經毒氣，另一些結構相似的則被製成了殺蟲劑。

有機磷殺蟲劑以獨特的方式影響了生物體。它們可以破壞在人體中起重要作用的酶。不論受害者是昆蟲還是恆溫動物，它們攻擊的目標都是神經系統。正常情況下，神經脈衝借助了叫做乙醯膽鹼的「化學傳導器」在神經間傳遞。這種物質完成必要的任務後就會消失。實際上，它的存在非常短暫，以至於醫學研究人員需要經過特殊處理，才可能在其遭受破壞之前完成取樣。這種短暫的化學傳導正是身體所需的。一次神經脈衝通過後，如果不及時消除乙醯膽鹼，脈衝就會繼續在神經間飛速穿梭。這種物質的作用會變得越來越強，所以整個身體會變得不協調——顫抖、抽搐，緊接著死亡。

我們的身體已經為此做好了準備。有一種叫膽鹼酯酶的保護性酶，在不需要傳導物質的時候就把它消除。我們的身體透過這種方式實現了精確的平衡，因而不會積累很多乙醯膽鹼而產生危險。但是一接觸到有機磷殺蟲劑，保護性酶就會被破壞。酶的減少導致乙醯膽鹼逐漸積蓄。從作用上看，有機磷化合物與一種在毒蘑菇裡發現的生物鹼——毒蠅傘很相似。重複接觸會降低膽鹼酯酶的含量，直至急性中毒的邊緣，再增加觸摸的話就可能中毒。所以，對噴藥人員和經常與之接觸的人而言，定期進行血液檢查是必要的。巴拉松是使用最為廣泛的有機磷酸酯之一，也是毒性最強、最危險的。蜜蜂在接觸它之後，會變得「焦躁而好鬥」，並做出近似瘋狂的騷動，半個小時內就會死亡。曾經有位化學家想用最直接的方式，來搞清楚人類急性中毒的劑量。他吞下了很少的巴拉松，大約0.13克。結果馬上就癱瘓，甚至快到來不及服用早已備好、放在手邊的解毒劑，就這樣死去了。

據說，巴拉松是芬蘭最受歡迎的自殺工具。近年來，加利福尼亞每年大約有2百例意外中毒事件。世界各地，巴拉松引起的中毒死亡率也令人震驚。一九五八年，印度發生百起，敘利亞出現67例。在日本，平均每年有336人中毒而死。如今，美國的農田和果園每年要消耗約7百萬磅巴拉松。有使用手動噴霧器的，有的使用電動鼓風機和噴粉器，還有的是飛機作業。一位醫學界的權威說，加利福尼亞農場的噴撒量「就可以毀滅全球人類五到十次」。

在一種情況下，我們也許會倖免於難，因為巴拉松及其同類化學物質分解速度較快。因此，與氯代烷相比，它在莊稼上的殘留時間比較短。然而，即使較短的時間也足以造成傷害，引發嚴重後果，甚至死亡。在加利福尼亞河濱市，30個採橘子的人當中，有11人中毒嚴重，除了一人外，全部被送往醫院救治。他們的症狀就是典型的巴拉松中毒。大約兩個星期半之前，這片果園噴撒過農藥。在十六到十九天之後，藥物殘留仍然能給他們帶來乾嘔、視力下降、半昏迷等痛苦。這並不是殘留時間最長的記錄。一個月前噴過農藥的果園裡也發生過同樣的悲劇。還有，使用標準劑量六個月後，橘子皮中仍然會發現殘留。

田地、果園、葡萄園裡噴撒的有機磷農藥對工人的健康造成了極大威脅，所以一些州設立了實驗室，幫助醫生進行診斷和治療。如果醫生在在救助中毒患者的時候，不戴橡膠手套，也會面臨一定風險，幫患者洗衣服的女工也可能因吸收足量的巴拉松而中毒。

馬拉松是另一種有機磷脂，差不多與DDT一樣廣為人知。廣泛應用於園林防治、家庭滅害和消滅蚊蟲，以及對昆蟲鋪天蓋地的全方位攻擊，例如：佛羅里達州的居民在將近百萬英畝的土地上噴撒馬拉松，以消滅一種地中海果蠅。人們認為它是同類化學品中毒性最小的，而且很多人覺得沒有什麼危害，可以放心地使用。廣告也鼓勵這種輕鬆的態度。馬拉松的「安全」依據根本不可靠，不過這一點是在其投入使用幾年後才發現的，很多情況也是如此。馬拉松之所以「安全」，是因為哺乳動物的肝臟強大的保護功能，能夠消除其危害。解毒是由肝臟中某種酶完成的。但是，如果這種酶遭到破壞，或是吸收過程受到干擾，接觸馬拉松的人就不得不承受全部的毒素了。

不幸的是，經常發生類似的事情。幾年前，食品和藥物管理局的一個科學小組發現，馬拉松和其他有機磷酸酯同時使用會產生巨大的毒性，是兩種物質毒性相加的50倍。換言之，兩種物質致死量各取1%，結合後可以產生致命的毒性。

這一發現促使人們研究其他組合。現在人們知道，很多有機磷酸酯組合是非常危險的，一種化合物破壞了另一種化合物的解毒酶之後，會使混合物的毒性大增。而且，即使兩種化合物不同時出現也一樣強效。如果一個人在這週噴撒了這種殺蟲劑，下週再使用另一種的話，便會有中毒的危險。施用過農藥的農產品被人們食用後，也會有危險。普通的一碗沙拉裡很可能含有不同有機磷酸酯農藥的結合，即使是法定允許的農藥殘留量，也可能會發生反應。

雖然我們對各種化學品相互作用的危險還不太了解，但是科學實驗室令人擔憂的發現卻屢見不鮮。其中一項發現認為，使有機磷酸酯毒性增強的不一定是殺蟲劑。例如，一種增塑劑在增強馬拉松毒性方面，可能更甚於殺蟲劑。這是因為，它能夠抑制肝臟中可以「拔掉殺蟲劑毒牙」的酶。

那麼，人類生產的其他化學品又是怎樣的呢？尤其是藥物，是什麼情況呢？關於這方面的研究才剛剛起步，但是我們已經知道，一些有機磷酸酯如巴拉松和馬拉松會使一些肌肉鬆弛的藥劑毒性更強，其他幾種有機磷酸酯（包括馬拉松）會明顯延長巴比妥鹽酸（barbiturates）的休眠時間。

在古希臘神話中，女巫美狄亞因自己的丈夫伊阿宋移情別戀而勃然大怒，因此，她送給伊阿宋的新歡一件施了魔法的長袍。新娘子穿上長袍後隨即暴斃。如今，這種間接死亡找到了它的對應物——「系統性殺蟲劑」。這些化學藥物具有特殊性質，它們可以把植物或動物變成有毒的美狄亞長袍。這樣做的目的是殺死前來侵襲的昆蟲，尤其是吸食植物汁液和動物血液的昆蟲。

系統性殺蟲劑的奇妙世界不可思議，超出了格林兄弟的想像，可能接近於查爾斯·亞當斯（Charles Addams）的漫畫世界。在這個世界裡，魔幻的森林變成了有毒的樹木，昆蟲咀嚼樹葉或吸食植物汁液後必死無疑。跳蚤因為吸食狗的血液而死，因為狗的血液裡有毒；昆蟲因為接觸植物散發的蒸汽而死亡；蜜蜂會帶著有毒的花蜜回巢，因而釀出含有劇毒的蜂蜜。

應用昆蟲學領域的人員在自然界獲得啟示：他們發現在含有硒酸鈉的麥田裡，小麥對於蚜蟲和紅蜘蛛的攻擊免疫。由此，激發了昆蟲學家研發系統性殺蟲劑的想法。硒是自然生成的元素，只有少量存在於世界中的岩石和土壤裡，是第一種系統性殺蟲劑。所謂系統性殺蟲劑就是滲透進植物或動物體內各個組織並使之毒化的農藥。一些氯代烷類化學藥劑以及有機磷化學品具備這種屬性，它們都是人工合成的。一些自然生成的物質也具備這種屬性。然而，在實際應用中，大部分系統性殺蟲劑使用的是有機磷，因為藥物殘留相對較輕。

系統性殺蟲劑還會以迂迴的方式發生作用。藉由浸泡或與木碳混合製成的碳基薄膜，其藥力會延伸到下一代植物體內，長出的幼苗會毒死蚜蟲和其他吮吸類昆蟲，就是這樣保護類似豌豆、蠶豆及甜菜等蔬菜。帶有內吸式碳基薄膜的棉花籽在加利福尼亞已經種植了一段時間。一九五九年，加州聖華金谷的25個農場工人在種植棉花時，突然發病，因為他們觸摸過有碳基薄膜種子的袋子。

在英格蘭，有人想知道蜜蜂在經系統性殺蟲劑處理過的植物上採蜜會發生什麼情況，於是在噴撒過八甲磷藥物的地區進行了調查。雖然農藥是在開花之前噴撒的，但生產的花蜜仍然有毒。果然，不出所料，蜜蜂釀的蜂蜜也被八甲磷汙染了。

動物內吸劑主要是用來控制牛蛆——一種有害牲畜的寄生蟲。為了在動物血液和組織中發揮作用而不產生致命的毒性，必須加倍小心使用。這種平衡極其微妙，政府機構的獸醫也已經發現，反覆的小劑量用藥會逐漸耗盡動物體內的保護性膽鹼酯酶。因此，如果不事前警告，極小的過量使用也可能導致中毒。

很多有力的證據表明，與我們生活更密切的領域正逐步放開。如今，你可以給你的狗餵一片藥，據說，這種藥可以使狗的血液有毒，進而消除蝨子的困擾。發生在牛群中的危害可能會發生在狗身上。就目前看來，還沒有人建議研製人類內吸藥物來對付蚊子。也許，這就是下一步將要發生的……

到目前為止，本章一直在討論人類跟昆蟲鬥爭中使用的致命化學物質。那麼，我們與野草的戰爭又是怎樣的呢？人們想快速而簡便地除掉不需要的植物，催生了一批叫做除草劑的化學品，或者稱作殺草劑。關於這些藥劑是如何使用以及如何誤用的，將在第6章講述。現在我們關心的是，除草劑是否有毒，以及它的興起是否加劇了環境汙染。

除草劑只對植物有毒，對動物沒有危害的傳說廣為流傳，但不幸地是，這種觀點是錯誤的。除草劑中的化學成分，對動植物都會產生影響。它們對生物體的作用大小不一。有的是一般毒藥；有的對新陳代謝會產生強力刺激物，會使動物體溫升高而死亡。有的可以單獨起作用，也可以跟其他化學品共同作用，引發惡性腫瘤。有的會導致基因變異，進而破壞遺傳物質。所以，除草劑和殺蟲劑一樣具有一些非常危險的物質。如果錯誤地認為它們很「安全」而濫用除草劑，將會帶來災難性的後果。

儘管新的化學藥物一股腦兒地從實驗室裡不斷冒出，砷化合物還是在殺蟲劑（如上文所提）和除草劑中廣泛使用。它們通常以亞砷酸鈉的形式出現。歷史上砷化物的使用也不讓人放心。作為路旁除草劑時，它們毒死了很多乳牛，還殺死了難以計數的野生動物。

英國大約在一九五一年開始在馬鈴薯農地裡使用含砷的農藥，因為先前用於燒掉馬鈴薯蔓的硫酸出現了短缺。農業部認為，有必要對噴過含砷農藥的田地加以警示，但是牲畜看不懂這樣的警示（我們必須知道，野生動物和鳥類也看不懂）。關於牲畜因含砷農藥中毒的報導不絕於耳。直到一個農夫的妻子因喝了砷汙染的水中毒死亡後，英國一些大型化學公司於一九五九年才停止生產含砷農藥，並召回了經銷商手中的存貨。不久後，農業部宣布，由於對人類和牲畜造成嚴重威脅，決定限制亞砷酸鹽的使用。一九六一年，澳洲政府也頒布了類似的禁令。然而，美國卻沒有相同規定來限制這些毒藥的使用。

有的「二硝基」化合物也被用作除草劑。它們在美國被列入了同類藥物中最危險的名單。二硝基酚是強力的新陳代謝刺激物。因此，人們曾經把它當作減肥藥來使用，但是瘦身劑量與能導致中毒或死亡的劑量差別太小。所以，在停藥之前，一些病人死去了，還有很多人遭受了永久性傷害。一種相關的化學物質——五氯酚，既用作除草劑，又用作殺蟲劑，常噴撒於鐵路沿線和荒地裡。五氯酚對很多生物毒性都很強，從細菌到人類都在它的影響範圍之內。跟二硝基一樣，它會干擾人類體的能量來源，通常是致命的，受到影響的生物幾乎是耗盡了自己的生命。

最近，加利福尼亞衛生署報告的一起死亡案例證明了它的可怕毒性。一名油罐車司機正在用柴油和五氯酚配製棉花脫葉劑。在他從大桶裡抽出這種濃縮化學品時，塞子意外地掉進了桶裡，他赤手把塞子撈出來。雖然他立即洗了手，還是急性中毒，第二天就死了。

諸如亞砷酸鈉或苯酚類除草劑造成的後果大都顯而易見，而另外一些除草劑的影響卻難以發現。例如，現在流行施用的紅莓除草劑——雙氰胺除草劑，被認為毒性相對較輕。但是，長遠看來其具有引發甲狀腺惡性腫瘤的可能，對野生動物和人類的影響更大。在各種除草劑中，有一些屬於「突變劑」，也就是說能夠改變遺傳物質——基因。我們會因輻射導致基因變化而深感震驚。那麼，對於無處不在的化學農藥所造成的同樣後果，我們又怎能漠不關心呢？

第4章 陸地之水

Surface waters and Underground Seas

在所有的自然資源中，水已經變成了最寶貴的資源。地球表面大部分被海水覆蓋著，然而被海洋包圍的我們仍然覺得缺水。這種奇怪的悖論是因為海水中含有大量的海鹽，地球上的大部分水源不適合農業、工業或人類使用。因此，無論現在或未來，地球上大部分人口將面臨嚴重的水資源短缺。在這個時代，人類已經忘記了自己的祖先，看不到生存的基本需要，水資源以及其他資源變成了人類冷漠態度的犧牲品。

我們只能把殺蟲劑對水資源的汙染作為人類對環境汙染的一部分來理解。水資源汙染的來源有很多種：核反應爐、實驗室以及醫院排放的放射性廢棄物；核爆炸的放射性塵埃；城鎮家庭垃圾；工廠排出的化學廢料等等。現在，又增添了一種新的沉降物——施用在農田、花園、森林以及原野的化學噴劑。許多化學藥劑再現並超越了輻射的危害。而且，這些化學藥劑本身就存在危險的反應和轉化，它們不為人知，其危害效應相應增加。

自從化學家開始研製自然界從未出現的化學物質，水質淨化的問題就逐漸複雜起來，用戶面臨的危險也逐漸增加。如我們所知，合成化學物的大量生產始於一九四〇年代。如今生產規模聲勢浩大，每天都會有大量的化學汙染物傾入國內的河流。這些化學物與生活垃圾以及其他廢棄物混合，進入同一水域後，淨化廠平時用的普通方法已經無法檢測出它們的行蹤。許多化學物非常穩定，普通的處理方法無法使其分解，甚至常常無法識別它們。大量汙染物在河流中結合、淤積，以至於衛生工程師也只能絕望地稱之為「黏性物質」。麻省理工學院的羅夫・伊萊亞森（Rolf Eliassen）教授在一次國會委員會上表示，預測這些化學物質的合成效應或識別混合而成的有機物是不可能的。伊萊亞森教授說：「我們根本不知道它們是什麼，以及對人類有什麼影響。我們什麼都不知道。」

用於控制昆蟲、齧齒動物或者雜草的各種化學品正不斷地加劇有機汙染物的生成。其中，有一些故意用於水體，以消除植物、昆蟲幼蟲或不想要的魚類。有的是森林中噴撒過的農藥。為了對付一種害蟲，他們會在一個州兩、三百萬英畝的森林上噴撒農藥，這樣的農藥會直接匯入溪流，或穿過樹冠落在林中的土地上。緊接著，農藥會隨著滲出的水分一起，開始了前往大海的漫漫旅程。噴撒於農田用來對付昆蟲和齧齒動物的數百萬磅農藥，會借助雨水離開地面，被沖進河水中，最終奔向大海，可能會大量殘留於水中。

有確鑿的證據表明，在河流甚至自來水中，這些化學物質隨處可見。例如，在賓夕法尼亞州的一片果園中取得的飲用水樣在魚身上做實驗後發現，所含的殺蟲劑足以在四個小時內將用於實驗的魚全部殺死。從一片噴撒過農藥的棉田流過的河流，經過淨化廠處理後，仍可以殺死魚類。使用過毒殺芬（一種氯代烷）的徑流，殺死了阿拉巴馬州田納西河15條支流的所有魚群。其中，有2條支流是當地城市的飲用水源。使用殺蟲劑一週後，水仍然有毒。因為在河流下游放置了水箱，裡面養的金魚每天都會死亡。

這種汙染蹤影難覓，不易發現。只有魚群成百上千地死去的時候，人們才會覺察；但多數情況下，根本檢測不出來。檢查水質的化學家尚未對這些有機汙染物進行定期檢查，也不可能清除它們。但是，無論檢測結果如何，殺蟲劑依然存在。而且，跟大規模施用於地表的其他物質一樣，它們已經進入美國的一些主要河流，甚至全部。

我們的水域幾乎全被殺蟲劑汙染了，持懷疑態度的人應該研究一下美國魚類及野生動植物管理局在一九六〇年發表的報告。這個部門進行了一項研究，旨在調查魚類是否像哺乳動物一樣會在體內貯存殺蟲劑。第一批樣品取自西部森林地區。為了控制雲杉蚜蟲，那裡噴撒了大面積的DDT。實驗結果顯示，全部魚類體內均含有DDT。當調查人員與噴撒農藥地區48公里之外的一條小溪做對比時，才有了真正的重大發現。這條小溪處在取樣地區的上游，中間隔著一條很高的瀑布。這裡並沒有噴撒過農藥。然而，這裡的魚還是檢測出含有DDT。化學物質是透過隱匿的地下河流到達這條小溪的嗎？還是透過空氣傳播，降落在溪水表面？在另一項對比調查中，在某個魚類產卵區，魚的體內組織中也發現了DDT。這裡的水來自一口深井。這個地方同樣沒有使用過農藥。看來，汙染的唯一途徑與地下水有關。

在所有水汙染問題中，沒有什麼能比大面積的地下水汙染威脅更令人擔憂的了。無論任何地方，在水中使用殺蟲劑必定會汙染水質。大自然不會在封閉和相互分離的區間運行；水的迴圈過程也是如此。雨水落在地面，通過土壤的細孔和岩石的縫隙滲入地下，並不斷深入，直至某個所有縫隙都充滿水的地方。那裡是一片黑暗的地下海洋，起於山下，沒於谷底。這種地下水總是在不停運動著。有時候很慢，一年只移動不到15公尺；有時候很快，一天之內移動160公尺。它在看不見的水系裡流動，直到在某地以泉水的形式冒出地面，或者被引進一口井裡。但大部分會補給到溪流與河水中。除了直接進入河流的雨水和地表徑流外，所有在地表流動的水都曾是地下水。因此，可以毫不誇張地說，地下水汙染就等於全部水汙染，這是極其可怕的。

科羅拉多一家工廠排出的有毒化學物質，一定是經過這樣黑暗的地下海洋，到達了幾英里以外的農田，汙染了那裡的井水，使人類和牲畜得病，並破壞了莊稼。這樣離奇的事情有了第一次，相似的事件就會接連發生。簡言之，水汙染的歷史就是這樣的。一九四三年，位於丹佛附近的軍用化工集團洛磯山兵工廠開始生產軍需物資。八年後，兵工廠的設備租給了一家私人石油公司生產殺蟲劑。然而，在開始生產農藥之前，怪事接二連三，幾英里之外的農民不斷報告牲畜患上了奇怪的疾病，並抱怨大片莊稼遭到嚴重毀壞。樹葉變黃，植物不再生長，很多作物死去，也傳出了人類患病的消息，有人認為這些事與兵工廠有關。

這些農場的灌溉用水取自很淺的井水。經過檢驗（一九五九年，幾個州與聯邦的機構參與這項調查），發現井水中含有多種化學殘留。洛磯山兵工廠在生產期間，往水池中排放了多種化學物質，包括氯化物、氯酸鹽、磷酸鹽、氟化物和砷。很明顯地，兵工廠與農場之間的水被汙染了，從工廠的水池裡到最近的農場大約有4.8公里，這些廢棄物經過了七到八年的時間到達那裡。這種滲透還將會繼續，而汙染的面積不得而知。調查人員沒有任何辦法來控制汙染或阻止它前進。

一切已經夠糟的了，但是最離奇、影響最深遠的是，一些井水和兵工廠的蓄水池中出現了除草劑「2,4-D」。當然，它的發現足以解釋灌溉用水對莊稼造成的破壞。但奇怪的是，兵工廠從未生產過2,4-D除草劑。經過長期細緻的研究，工廠的化學家認為，2,4-D是在露天蓄水池中自發形成的。它是由化工廠排出的其他物質合成的，並沒有化學家的參與，蓄水池在空氣、水、陽光的作用下，變成了化學實驗室，並生成了新的化學物質。它可以殺死接觸到的任何植物。

因此，科羅拉多農場以及被毀莊稼的故事超出了地區的界限，具有了更廣泛的意義。其他地方又會怎樣呢？不只是科羅拉多，任何受了化學汙染的公共水域會是怎樣的狀況呢？在空氣和陽光的催化下，湖泊和溪流中那些貼著「無害」標籤的化學物會生成怎樣的危險物質呢？

的確，水資源化學汙染最令人擔憂的一面在於，不論是河流、湖泊、水庫，還是你餐桌的一杯水中，都會有合成化學物質。負責任的化學家不會在自己的實驗室裡合成這樣的物質。這些自由混合的化學物質之間可能產生的反應，讓美國公共衛生署的官員恐慌不已。他們擔心毒性相對較小的物質會大規模地轉化為有害物質。化學反應也許會在兩種或多種化學物之間發生，也許會與放射性廢棄物之間產生，而後一種正源源不斷地排入河流之中。在游離輻射的作用下，原子很容易重新排列，進而改變其化學性質，引發不可預計、無法控制的後果。

當然，不只是地下水受到汙染，地表水（溪水、河流、灌溉用水）同樣未能倖免。同在加利福尼亞州的圖利湖與南克拉馬斯湖國家野生動物保護區，地表水的汙染就在逐漸加重，形式令人擔憂。包括奧勒岡州邊上的北克拉馬斯湖在內，這些保護區是整個保護體系的一部分。也許是上天的安排，它們相互連接，共用同一個水源。這些保護區宛如小島一般，點綴在廣袤的農田海洋中，而這些農田又是從原本的水鳥天堂、沼澤地及開闊水域，經過排水系統和河流改道所形成的。

保護區周圍的農田依靠北克拉馬斯湖的湖水灌溉。灌溉用水滋潤了農田，然後匯合，流入圖利湖，再從這裡流入南克拉馬斯湖。建立在兩大水體基礎上的整個保護區水域，就充當了農業用地的排水系統。將這種情況與最近的發現放在一起研究是至關重要的。

一九六〇年夏天，保護區的工作人員在圖利湖和南克拉馬斯湖，發現了已死亡或者將要死亡的鳥兒。大部分是食魚鳥類——蒼鷺、鵜鶘和鷗。鳥兒體內發現有農藥殘留，經檢測為毒殺芬（Toxaphene）、DDD以及DDE。湖中的魚兒和浮游生物體內也發現了殺蟲劑。保護區管理員認為，農田使用的大量農藥，經灌溉用水回流，致使藥物殘留在保護區水域不斷蓄積。

水域汙染使得保護區的目的大打折扣，西部獵鴨人和風景愛好者都感到了後果：「飛鴻帶彩映晚霞，婉鳴繞耳滿天涯」的天籟美景已經難以尋覓。這些保護區對於西部水鳥至關重要，因為它們位於太平洋候鳥路徑的匯集處，就像漏斗的細頸一樣。每到秋天遷徙的季節，從白令海峽到哈德遜灣的鳥巢中飛來的野鴨和天鵝，大約占飛往太平洋沿岸水鳥的四分之三。夏天的時候，保護區為水鳥，特別是兩種瀕危物種——紅頭鴨和紅鴨提供了棲息地。如果保護區的湖泊和池塘受到嚴重汙染，西部地區的水鳥將遭受無法挽回的傷害。

水滋養著一整條生物鏈（從微如塵埃的浮游生物綠色細胞，到很小的水蝨，再到以浮游生物為食的魚兒，小魚又會被其他魚類或鳥類、貂、浣熊吃掉），生命間的轉化無窮無盡，所以必須從這些方面考慮水的問題。我們知道，有用的礦物質也是透過食物鏈傳遞的。我們是否可以認為水中的毒藥不會進入大自然的循環鏈中呢？

答案就在加利福尼亞州清湖的驚人歷史中揭曉。清湖位於舊金山以北約144公里的山區，一直是垂釣捕魚愛好者的必選之地。這裡有點名不副實，因為黑色的淤泥覆蓋了淺底，實際上，湖水極其渾濁。這對漁民和旅遊者而言不是什麼好事，但是它為小小的蚋蟲提供了理想的棲息地。雖然蚋蟲與蚊子關係很近，但牠們不吸血，可能從小到大都不吃任何東西。然而，作為共用此地的鄰居——人類，卻不勝其擾，因為牠們的數量實在過於龐大。為此，人們採取了各種措施，但效果都不甚理想。直到一九四〇年代，新式武器——氯代烷出現了。DDD是新一輪攻擊的首選，這是一種與DDT關係很近的藥物，但較為明顯的是，它對魚類的威脅相對較小。

在一九四九年採取的措施經過了周密的計畫，沒有人認為會有什麼危害。人們勘測了湖水，並確定了湖水的體積，殺蟲劑的施用劑量是0.7 ppm。剛開始效果不錯，但是到了一九五四年，人們不得不再來一遍，這次的比例是0.5 ppm。人們認為消滅蚋蟲的運動徹底結束了。

在隨之而來的冬季裡，其他生物受到影響的跡象出現了：湖上的北美鸊鷉開始死亡，很快死亡數量上升到1百多隻。清湖魚類眾多，因此北美鸊鷉在此繁殖、過冬。這種鳥兒外形美麗，習性優雅，在美國西部與加拿大的淺湖上搭建浮巢。當在湖面划過時，牠們會壓低身體，潔白的脖頸和黑亮的頭部高高昂起，幾乎不帶一絲漣漪，因而被譽為「天鵝鸊鷉」。剛出殼的幼鳥身上是灰色的軟毛，幾個小時後，牠們就進入水中，騎在父母背上，在父母的廓羽庇護下前行。

對捲土重來的蚋蟲進行第三次打擊後，一九五七年，更多的鸊鷉死去。與一九五四年的情況一樣，死鳥身上沒有檢測出傳染病。但是，經提議對鸊鷉脂肪組織進行分析檢測後，發現了大量的DDD，濃度約為1600 ppm。

DDD投放的最大濃度為0.02 ppm。它怎麼會在鸊鷉體內蓄積到如此驚人的濃度呢？這些鳥兒是以魚類為食的。檢測了清湖的魚兒後，整個畫面開始清晰——最小的生物吞食毒素，不斷積累，繼而傳給更大的動物。浮游生物體內檢測出5 ppm的殺蟲劑（大約是水中藥物最大濃度的25倍）；食藻性魚類體內的濃度大約是40到300 ppm；食肉魚類體內貯存了大部分毒素。一種褐色鯰魚體內的毒素濃度竟然高達2500 ppm。「傑克之屋」（a house-that-Jack-built）[3]的順序出現了，在這個鏈條中，大型食肉動物吃掉小型食肉動物，小型食肉動物吞食食草動物，食草動物以浮游生物為食，浮游生物又從水中吸取毒素。

之後，更加離奇的事情又出現了。剛剛使用過殺蟲劑的水中沒有發現DDD。但是毒素並沒有消失，它只是進入了湖中生物的體內。在停用化學藥劑二十三個月後，浮游生物體內仍含有5.3 ppm的毒素。在近兩年的時間裡，潮水般的浮游生物出現又退去，雖然毒素在水中不見蹤影，卻不知怎地一代代傳了下去。湖中的動物體內也含有毒素，停藥一年後，魚、鳥以及青蛙體內仍然檢測出了殘留，而且檢測出的DDD含量總是超出起初水中濃度很多倍。這些有毒的生命包括最後一次使用DDD九個月後孵化的魚苗、鸊鷉以及加利福尼亞鷗，牠們體內毒素的濃度超過了2000 ppm。同時，鸊鷉繁殖群也已經大大減縮——從第一次使用殺蟲劑之前的1千對降到一九六〇年的30對。雖然僅剩的30對也會築巢繁育，但是都在白費力氣，因為自從上一次使用DDD後，湖上再也沒有出現過鸊鷉幼鳥。

可見，整個中毒鏈環始於小小的植物，最初的藥物濃縮一定開始於這些植物身上。但是，食物鏈的另一端——人類，又將面臨怎樣的狀況呢？他們可能不了解事件的經過，並且已經備好漁具，從清湖中釣了幾條魚，最後帶著收穫回家享受美味了。大劑量DDD或者小劑量的累積會對人類造成什麼影響呢？

3 傑克之屋（a house-that-Jack-built）：傑克是一個連續殺人狂，此處用以形容連續吞噬的食物鏈。

儘管加利福尼亞公共衛生署宣稱沒有危害，但是一九五九年該局還是禁止了在湖水中使用ＤＤＤ。考慮到已經有科學證據證明這種藥物具有巨大生物效應，這一行動只能算是最低限度的安全措施罷了。ＤＤＤ的生理影響在殺蟲劑中可能是獨一無二的，因為它可以破壞腎上腺的一部分——分泌荷爾蒙激素的腎上腺皮質外層細胞。早在一九四八年，人們就發現了這種破壞作用，但是起初人們認為這種危害只限於狗。因為在猴子、老鼠或者兔子身上沒有發現問題。然而，ＤＤＤ在狗身上引起的症狀與人類愛迪生氏病（Addison's disease）[4]患者的病症極為相似。最新的醫學研究表明，ＤＤＤ會強烈抑制人類腎上腺皮質的功能。它對細胞的破壞力，目前被用於治療腎上腺部位的一種罕見癌症。

清湖的狀況引出了一個公眾需要面對的問題：使用對生理過程影響巨大的化學物質來防治昆蟲，特別是將化學藥劑直接投入水體的防治措施，是否明智，又是否必要？殺蟲劑在湖泊食物鏈中爆炸性的進程證明，使用小劑量化學藥劑無異於飲鴆止渴。通常，為了解決一個微小的問題，卻引發了不易察覺的嚴重問題，這種情況大量存在，而且不斷增加，清水湖只是其中一個典型。受蚋蟲困擾的人們解決了問題，卻給所有從湖裡獲取食物或飲用水的人們帶來莫名的，甚至是無法理解的危險。

在水庫中故意投放藥物已經成為常態，但這的確是一個驚人的事實。其目的通常是娛樂，儘管之後需要花費一筆資金使之恢復本來用途——飲用。當漁獵愛好者希望在水庫「發展漁業」時，他們會說服政府在水裡施用藥物，以殺死不想要的魚類，為他們喜歡的魚鋪設溫床。整個過程非常怪異，像愛麗絲夢遊仙境一樣荒誕。水庫的功能本來是供給公眾用水，然而居民卻可能在不了解漁獵愛好者的計畫下，不得不飲用有藥物殘留的水，或支付費用以消除毒素，然而這些東西處理起來並非易事。

由於地下水和地表水都已經受到殺蟲劑和其他化學品的汙染，致癌的有毒物質正進入公共水源，成為我們當前面臨的威脅。國家癌症研究所的休伯博士警告：「在不久的將來，飲用水汙染引發癌症的風險將大大增加。」的確，早在一九五〇年代的一項研究也顯示，水汙染可能致癌。飲用水取自河流的城市，其癌症死亡率高於水源汙染較少的城市（例如井水）。自然界中存在的砷，是被確認為最可能致癌的物質，在水汙染引發大量癌症的歷史事件中已經出現兩次了。一次，砷來源於礦場的礦渣堆；另一次事件中，砷來自含砷量很高的天然岩石。大量使用含砷殺蟲劑，會輕易地重演上述事件。土壤受到了汙染，接著部分的砷被雨水沖進河流、水庫以及浩瀚的地下海洋。

---

4 愛迪生氏病（Addison's disease）：當腎上腺不能產生維持生命所需的足夠荷爾蒙，會出現一種慢性內分泌系統紊亂。

此時，我們又一次得到警示：自然界中沒有孤立的事物。為了更加透徹地了解世界所遭受的汙染，我們必須轉向地球上的另一種資源——土壤。

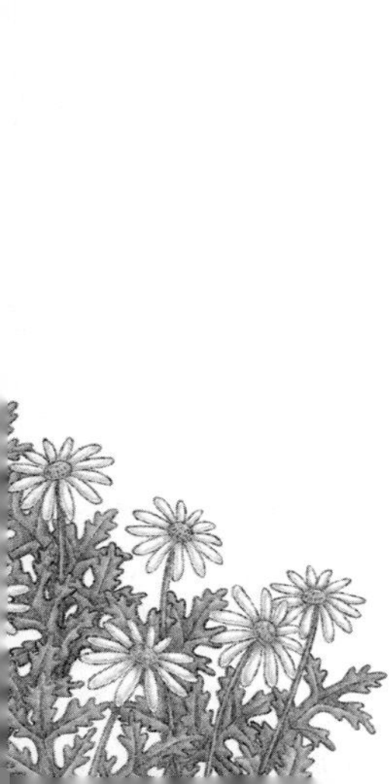

第5章 土壤王國

Realms of the Soil

覆蓋大地的這層薄薄的土壤，如同斑駁的補丁，它的分布決定著我們和陸地上其他動物的生存。沒有土壤，陸地植物就不會生長；沒有了植物，動物就無法生存。

如果說我們以農業為基礎的生命全仰仗土壤，同樣地，土壤也依賴於生物。土壤的起源與特性都與動植物密切相關。因為其在某種程度上是生命創造的，它產生於很久以前的生物與非生物之間的相互作用。火山噴出的岩漿，帶來了原始的材料；河水流過光禿禿的岩石，沖刷了最堅硬的花崗岩；冰霜鑿碎了岩石，於是，最原始的母體物質開始形成。接著，生物開始施展自己的魔法，漸漸地，無生命的材料變成了土壤。岩石的第一層襯衣——地衣，利用它分泌的酸性物質促進了岩石的分解，也為其他生命提供了住所。地衣的碎屑、微小昆蟲的外殼、海洋動物的殘骸形成了原始的土壤。在土壤的縫隙裡，苔蘚開始駐紮。

原始生命不僅創造了土壤，還孕育了土壤中豐富多樣的生物。如果不是這樣，土壤將貧瘠而毫無生機。正因為生命的存在與活動，使土壤中種類豐富的生物為地球編織了一件綠色的外衣。

土壤不斷變化，加入了無限循環之中。岩石的分解、有機物質的腐爛、氮和其他氣體隨雨水落下，都會為土壤添加新的物質。與此同時，有的生物暫時性地借走了一些物質。精妙而又重要的化學變化時時刻刻都在進行，把來自空氣和水的成分轉化成有用的物質。在這些變化中，生物體起著活性劑的作用。

研究在黑暗土壤王國中的眾多生物是件趣事，但也是最為人忽視的。對於土壤中有機物之間的關係，以及它們與土壤和地表世界的聯繫，我們都了解得太少了。土壤中最基本的是一些最小的生物——看不見的細菌和絲狀的真菌。關於它們的數據都是些天文數字。一小匙表層土可能含有數以億計的細菌。儘管體積微小，但每英畝（約4046平方公尺）肥沃土壤的表層土中，細菌的總重量可達約453公斤。長長的、絲狀的放線菌在數量上雖然不及細菌，但是由於體積更大，等量土壤中所含放線菌的總重量與細菌相差無幾。這些菌類，與稱為藻類的綠色細胞一起，組成了土壤中的微植物世界。

細菌、真菌以及藻類是腐爛作用的主要媒介，它們把動植物的殘骸還原成礦物成分。如果沒有這些微小的植物，各種元素參與的龐大循環系統（例如碳、氮在土壤、空氣和生物組織中的運動）就無法進行。譬如，即使處在含豐富氮的空氣中，如果沒有固氮菌，植物也會因缺氮而死亡。其他生物會形成二氧化碳，並作為碳酸有助於溶解岩石。土壤中的其他微生物也起到氧化和還原的作用，使一些礦物質如鐵、錳和硫等變得易於被植物吸收。

土壤中還存在著數量巨大的微小蟎類，以及叫做彈尾蟲的原始無翅昆蟲。儘管體型微小，但牠們在分解植物殘枝，將森林的地面雜物轉化為土壤方面發揮著重要作用。這些微小生物的特性讓人難以置信。例如，一些蟎類只有在雲杉掉落的針葉裡才能生存。牠們隱藏在樹葉裡，消化掉樹葉的內部組織。這些蟎類的任務完成後，只會剩下一具空殼。在處理大量落葉方面，最令人驚奇的非土壤和林地中的一些小昆蟲莫屬。牠們會把葉子浸軟，然後再消化，從而加快了分解物與地表土的混合。

當然，除了這些身體微小，一刻不停的生命外，還有許多大型生物，因為土壤孕育著從細菌到哺乳動物的所有生命。有的永久生活在地下世界；有的冬眠，或者在生命的某一階段藏於地下；有的則在洞穴與地上世界任意穿梭。總之，這些動物能使土壤透氣，並促進水在植物生長層的排泄與滲透。

在所有較大的土壤生物中，蚯蚓可能是最重要的一種。在一八八一年，查爾斯．達爾文出版了《腐殖土的形成、蚯蚓的作用和習性觀察》（*The Formation of Vegetable Mould, through the Action of Worms, with Observations on Their Habits*）。在這本書中，他讓世人了解到蚯蚓在運輸土壤中扮演的角色。地表的岩石逐漸被蚯蚓從下面搬上來的細土所覆蓋，在大多數適宜的地方，每年每英畝地上的土壤搬運量達數噸。同時，樹葉和雜草中含有的大量有機物（六個月的時間內每平方碼〔0.8平方公尺〕約有9公斤）被拖入洞穴，混入土中。達爾文的計算表明，在蚯蚓的辛勤勞作下，十年後，土壤的厚度會增加1到

1.5英吋（2.54到3.8公分）。而且，這絕不是牠們的唯一貢獻。蚯蚓的洞穴能使土壤保持空氣流通和良好的排水性能，並促進植物根系的生長。蚯蚓的存在還可以增強細菌的固氮能力，減少土地退化的可能。有機物經過蚯蚓的消化道時，將被分解。如此，蚯蚓的排泄物會使土壤變得更加肥沃。土壤王國是由互相交織的多種生命構成的，生物與生物之間比想像的還要緊密相連——生物依賴土壤，但是也正因為土壤中生物的繁榮昌盛，才使得地球上的土壤變得不可或缺。

可是，與我們息息相關的問題一直未受關注：不論是以土壤「殺菌劑」的形式直接灌入，還是透過雨水穿過樹冠、果園以及農田時帶來了致命的汙染，化學毒藥進入土壤後，這些數量龐大且非常重要的生物會受到什麼影響呢？使用廣譜[5]殺蟲劑對付一種破壞莊稼的幼蟲，而不會殺死對於分解有機物十分必要的「益蟲」，這樣的假設合理嗎？或者，我們是否可以使用非特異性殺蟲劑，同時不至於殺死棲息在許多樹木根部，協助樹木從土壤汲取養分的有益真菌？

事實很明顯，這一至關重要的生態學課題，很大程度地被科學家所忽視，防治人員更是對此不屑一顧。對昆蟲的化學防治建立在這樣的一種假設之上，即土壤可以承

5廣譜：抗菌效果較廣泛。

受任何毒素的攻擊，不會做出反擊。土壤王國的本質被完全忽略了。

根據已有的少量研究，關於殺蟲劑對土壤的影響正慢慢揭幕。研究結果並不一致，不意外，因為土壤類型多樣，對一種土壤造成破壞的藥劑，也許對另一種土壤沒有任何影響。輕質砂土遭受的破壞比腐殖土更大。混合使用化學藥物要比單獨使用危害更明顯。儘管結果有所不同，已有確鑿的證據證明危害存在，足以引起科學家的憂懼。

在某些情況下，這些化學轉換和變化會影響到生命世界的核心。將大氣中的氮轉化成植物需要的形態就是一個例子。2,4-D除草劑會使硝化作用暫時中斷。最近佛羅里達州的幾次實驗表明：靈丹（Lindane）、七氯以及BHC（六氯聯苯）會在兩週後減弱土壤中的硝化作用；使用過農藥一年後，BHC和DDT的危害仍然存在。在其他實驗中，BHC、阿特靈、靈丹、七氯以及DDD都會阻礙固氮菌在豆科植物上形成必要的根瘤。真菌與高等植物之間奇妙而有益的關係遭到了嚴重破壞。

大自然透過精妙的生態平衡形成了長久的運行機制，令人擔憂的是，有時這種平衡機制會受到干擾。一些土壤生物的數量由於殺蟲劑的使用而減少，另一些生物的數量則激增，從而破壞了捕食關係。這樣的變化容易改變土壤的新陳代謝活動，並影響其生產力。這些變化還意味著，之前受到制約的有害生物，會逃脫自然的控制，呈爆發之勢。

值得注意的一點是，土壤中的殺蟲劑可以在土壤中存貯很長時間，不是幾個月，而是好幾年。阿特靈使用四年後依然存在，一部分為少量殘留，更多的已經轉化為狄氏劑。若使用毒殺芬消除白蟻，十年後沙質土壤中仍有殘留。六氯化合物可以在土壤中至少存留十一年；七氯或其他毒性更強的化學物至少可以駐留九年。氯丹使用十二年後，影響依然存在，其殘留量是施用量的15％。

當初看似適量的殺蟲劑，經過幾年後，會在土壤中累積到驚人的濃度。由於氯代烷的持久性，每施用一次，藥物都會在前一次的基礎上增加。如果反覆噴撒，「一英畝地使用一磅DDT無害」的古老傳說就變得毫無意義了。科學家在種植馬鈴薯的農田中發現每英畝地的DDT高達6.8公斤，玉米地更是高達8.6公斤。研究發現，一片蔓越橘沼澤地中每英畝含15.6公斤的DDT。蘋果園中的土壤則達到了峰值，這裡DDT累積的速度幾乎與每年的使用量持平。在一個季節裡噴撒四次或更多的果園中，DDT的殘留會增加到13到26公斤。經過多年反覆噴撒後，果樹間殘留的DDT含量為每英畝11到27公斤；樹下的殘留量則高達51公斤。

砷汙染就是典型的永久性土壤汙染案例。儘管自四〇年代中期以來，施用於菸草植物的有機合成農藥取代了含砷噴劑，但是從一九三二年到一九五二年，美國香菸中的砷含量已經增加了300％以上。之後的調查發現，砷含量居然增加了600％。

砷劑毒理學權威亨利．薩特利博士（Dr. Henry S. Satterlee）說，雖然有機殺蟲劑基本上取代了砷劑，但菸草植物仍然會吸收毒素，因為種植園的土壤裡殘留著高含量、不易溶解的毒素——砷酸鉛。這種物質會持續釋放可溶性砷。薩特利博士說，菸草種植園的土壤正遭受著「幾乎永久性的汙染」。像是地中海東部的國家沒有使用含砷殺蟲劑，所以那裡的菸草中沒有如美國地區一樣發現砷含量的增加。

於是我們面臨著第二個問題。我們不僅要關心土壤的情況，還要了解植物從受汙染的土壤中到底吸收了多少農藥。這在很大程度上取決於土壤和作物的類型，以及殺蟲劑的特性和濃度。有機物含量高的土壤比其他類型的土壤釋放的毒素要少。與其他作物相比，蘿蔔會吸收更多的毒素。如果使用的農藥是靈丹的話，蘿蔔內部的毒素含量會比土壤中的濃度還要高。將來，在種植某種作物之前，我們有必要先分析一下土壤中殺蟲劑的含量。否則的話，即使是沒有噴撒過農藥的農作物，也會從土壤吸收很多殺蟲劑，變得不宜出售。

這種汙染引發的問題不計其數：有一家嬰兒食品工廠表示不願使用噴過殺蟲劑的水果和蔬菜；製造麻煩的其中一種化學品——ＢＨＣ，透過植物的根系和塊莖被吸收，並產生霉味；兩年前使用過ＢＨＣ的農田，現在生產的地瓜因為農藥殘留而變得不宜食用；有一年，某家公司在南加州簽署了一份地瓜供應合約，卻發現大面積的土地都被汙染了，公司被迫在市場上購買原料，蒙受了巨大的損失。在過去的幾年裡，很多州種植的各種水果和蔬菜都遭到了丟棄。其中，最令人頭疼的是花生問題。在南部的幾個州，花生通常與棉花輪種，但種植棉花時會噴撒大量的ＢＨＣ，因此，往後種植的花生都會吸收大量的殺蟲劑。實際上，只需很少的ＢＨＣ就會催生霉臭和怪味。ＢＨＣ會滲透到花生內部，而且無法消除。這種霉味不僅無法去除，處理後反而會加重這種味道。生產廠家只有一種方法可以消除這種物質的殘留——不使用噴過農藥或在受汙染土地裡生長的農產品。

有時候，危害指向農作物本身，只要土壤中含有殺蟲劑，這種危害就會繼續存在。一些農藥會影響比較敏感的植物，妨礙根系生長或抑制幼苗的發育，如：豆子、小麥、大麥或黑麥。華盛頓州和愛達荷州的啤酒花種植戶就經歷了一次難以釋懷的事件。一九五五年春天，大面積的啤酒花根部長滿了象鼻幼蟲，這裡的人們開展了聲勢浩大的治理運動。人們在農業專家和殺蟲劑廠家的建議下，選擇了七氯作為防治武器。不到一年後，噴過藥的院子裡的藤蔓枯萎並死去了，而沒有噴過農藥的地方則沒有發生任何問題。使用過農藥和未噴撒農藥的地方涇渭分明。如此一來，人們不得不花費巨資使禿山再次披上綠裝。但是到了第二年，新長出的幼芽又死掉了。四年後，這片土地上仍有七氯殘留，而科學家也無法預測毒素還會存留多久，也沒有任何好的建議來改

善狀況。直到一九五九年三月，聯邦農業部門才發現七氯並不適合用於啤酒花，撤銷了這份姍姍來遲的建議。而啤酒花的種植者只能通過法庭獲取一些賠償。

殺蟲劑仍在使用，農藥殘留堅不可摧，會繼續在土壤中蓄積。毫無疑問，我們正在自尋煩惱。一九六〇年，一群專家在雪城大學（Syracuse University）討論土壤生態時，達成了一致共識。他們總結了使用化學品和輻射這兩種「威力強大而又充滿神祕色彩的工具」所帶來的危害：人類的幾步錯誤就可能導致土地生產力的毀滅，最終昆蟲會接管整個地球。

第6章

地球的綠色斗篷

Earth's Green Mantle

水、土壤和地球的綠色斗篷——植物，共同組成的世界滋養著地球上的動物。現代人很少能夠記得，如果不是植物利用太陽能製造了人類賴以生存的基本食物，我們將無法生存。實際上，我們對植物的態度非常狹隘。一旦知道某種植物的一種用途，我們馬上就會去種植。如果我們覺得某種植物可有可無或者我們不感興趣，它們可能馬上會面臨滅頂之災。除了對人或牲畜有害，或阻礙莊稼生長的植物之外，還有很多其他植物會遭殃，僅僅因為我們狹隘地認為，它們在錯誤的時間出現在了錯誤的地方。許多植物遭到毀滅的原因只是碰巧受到了人類所「不需要的物種」的連累。

地球上的植物是生命之網的組成部分之一，其中植物與植物、植物與動物，以及植物與地球之間都存在著密切而又重要的關聯。有時候，我們別無選擇，只好破壞這些關係，但我們應該謹慎一些，要充分考慮到這樣做，在遙遠的未來和未知的地方將會產生不良的後果。然而，今天繁榮的除草劑行業卻不見一絲謙虛的跡象，人們能見到的只有除草農藥飆升的銷量和日益廣泛的用途。

我們的盲目破壞已經對環境造成了很大影響，西部地區的三齒蒿（sagebrush）就是其中的一個例子。那裡的人們正在舉行一場聲勢浩大的戰役以消滅三齒蒿來培育草場。如果任何一個企業需要被賦予景觀的歷史和意義的話，這就是最好的例子。在這裡，自然景觀清楚地表現出創造它的各種力量之間的相互作用。就像在我們面前打開了一本書，我們可以了解到地貌形成的原因，以及為什麼要保持它的完整性。但是很可惜，沒人去讀這本書。

三齒蒿地帶是由西部高原和山脈的低矮斜坡構成的，幾百萬年前洛磯山隆起的山脈形成了這片土地。這裡氣候極端異常：冬季漫長、暴風雪傾瀉如柱，地上積雪深厚；夏天雨量稀少、赫赫炎炎，土地龜裂，乾燥的風吸乾了樹葉，草木蕭疏。在自然演化的過程中，植物一定是經歷了長期的反覆嘗試，才最終占據了這片疾風盡吹的高原地帶。經過一次又一次的失敗，終於有一種植物進化出了生存所需要的全部特性。低矮的灌木三齒蒿能在這個山坡和高原上站穩腳跟，是因為它灰色的小葉子能夠鎖住水分，防止被乾燥的烈風偷走。這絕不是偶然，而是大自然的長期實驗，才使得遼闊的西部平原成了三齒蒿的天下。

與植物一樣，動物也隨著這片土地苛刻的要求進化著。有兩種動物像三齒蒿一樣完美又及時地適應了這片棲息之地。其中，一種是哺乳動物——敏捷優雅的美國羚羊，另一種是鳥類——艾草松雞——路易斯和克拉克的「平原之雞」。

三齒蒿與松雞好像是天作之合。松雞的活動範圍與三齒蒿的生長空間正好重合，隨著三齒蒿的生長面積縮小，松雞的數量也在減少。對於這片平原上的松雞來說，三齒蒿就意味著一切。山麓地帶的低矮三齒蒿為松雞的巢和幼鳥提供了蔽蔭，更茂密的地方則是牠們嬉戲和棲息的場所；而三齒蒿也是松雞的主食。然而，這也是一種雙向的關係。松雞特別的求偶方式鬆動了三齒蒿下面和周圍的土壤，使得在三齒蒿庇護下的草類能更有利地入侵。

同樣，美國羚羊也適應了三齒蒿。牠們是山上的主要居民，冬天初雪降臨的時候，原本在山上度夏的美國羚羊向低處遷徙，那裡的三齒蒿成了牠們過冬的食物。當其他植物都已經凋零的時候，三齒蒿依然常青，灰綠色的葉子有點苦，又有淡淡的草香，富含蛋白質、脂肪以及其他必需礦物質，牠們生長在濃密的枝頭上，緊緊地團簇在一起。儘管積雪已經很厚，三齒蒿的頂部仍然露在外面，羚羊用鋒利的蹄子刨兩下就能找到。松雞同樣也靠三齒蒿過冬，牠們會在風掃過的裸露岩架上尋找三齒蒿，或者跟在羚羊後面，在羚羊刨開積雪的地方覓食。

其他動物也指望著三齒蒿。長耳鹿就經常以三齒蒿為食。三齒蒿可以說對於食草牲畜過冬的維生之糧。三齒蒿幾乎是牧場上的羊群唯一的食物來源。在整整半年的時間裡，三齒蒿就是牠們的主要草料，牠們含有的能量甚至比乾苜蓿都要高。

這樣，在高寒地區，三齒蒿的紫色枝條、矯健的野生羚羊以及松雞構成了完美的自然平衡。是這樣嗎？但看來情況並非如此，至少在人類試圖改進自然規律的廣闊山區不是這樣的。土地管理者打著進步的旗號，要滿足牧場主人貪得無厭的草場訴求。

這裡的草場是指沒有三齒蒿的草場。小草與三齒蒿混合生長或者在三齒蒿的蔽蔭之下成長，是自然選擇的結果，如今，人們卻要清除三齒蒿，以創造一望無際的純草牧場。沒人問過，在這裡草場是否穩定且合乎需求。很明顯，大自然的回答是否定的。在這片雨水稀少的地方，每年的降水量不足以供養優質草皮，反而更適合在三齒蒿蔽蔭之下常年叢生的禾草。

但是，清除三齒蒿的計畫已經執行了很多年。一些政府機構表現得非常積極；工業部門也滿懷熱情地加入進來，以增加草種銷量，擴大各種耕種和收割機械的市場。人們又增添了新的武器——化學噴劑。如今，每年有數百萬英畝的三齒蒿被噴上了藥劑。結果如何呢？清除三齒蒿、種植牧草的結果基本上可以推測出來。對於深知這片土地習性的人們來說，單獨種植牧草的話，其生長情況不如與三齒蒿混生的好，因其能夠保持水分。

很明顯，即便這項計畫取得了暫時的成功，緊密交織在一起的生命之網已經被撕裂開來了。羚羊和松雞會隨著三齒蒿一起消失。鹿群也會一起遭罪，野生動植物的毀滅將使得這片土地變得更加貧瘠。即使計畫中受益的動物也會受難，因為沒有了三齒蒿、灌木以及高原上的其他植物，夏季茂密的綠草很難支撐羊群度過冬天的風暴。

這些只是首要的明顯效應。其次就是與「散彈銷售法」相關的結果：噴撒農藥也會毀滅很多非預定目標植物。法官威廉．道格拉斯（Justice William O. Douglas,）在他的最新著作《我的荒野：東至卡塔丁》（*My Wilderness: East to Katahdin*）描述了美國林業局在懷俄明州布里傑國家森林中造成生態破壞的驚人案例。由於牧民要求更多的牧場，林業局在大約40平方公里的三齒蒿地帶上噴撒了藥物。果然不出所料，三齒蒿被消滅了。但是，沿著曲折小溪生長的柳樹——這條綠色的生命之帶也遭到了滅頂之災。麋鹿生活在柳樹林中，柳樹之於麋鹿就像三齒蒿之於羚羊一樣重要。海狸以前也生活在這裡，牠們以柳樹為食，並折斷樹枝在小溪上建築牢固的堤壩。經過海狸的一番努力，湖泊形成了。生長在山澗的鱒魚很少能夠長到12.7公分長，而在這片湖水中，牠們竟然能長到2公斤重。水鳥也被吸引到湖邊。僅僅是因為柳樹和依靠牠們生存的海狸，這裡變成了捕魚打獵的休閒勝地。

然而，拜林業局的「改進」所賜，柳樹步上了三齒蒿的後塵——被正義的噴劑殺死。一九五九年，也就是噴撒農藥的那一年，道格拉斯法官被眼前枯萎垂死的柳樹震驚了，這簡直是「巨大且難以置信的破壞」。麋鹿身上會發生什麼？海狸和牠們創造的小小世界又會怎樣？一年之後，他又來到這裡，在破敗的景象中尋求答案。麋鹿消失了，海狸也不見蹤影。大部分大壩由於失去了技術高超的建築師而消失了，湖泊的水也流走了。大鱒魚一條也不剩。貧瘠燥熱的土地上沒有一絲陰涼，像細線一樣的溪流不再適合大鱒魚存活。整個生命世界已經遭到了破壞。

除了每年有超過1萬6千平方公里的牧場被噴撒農藥外，為了控制雜草，其他類型的土地很可能遭受了化學藥劑的處理。例如，有一片比新英格蘭地區還要大的土地（約20萬平方公里）正處在公共事業公司的管理之下，這裡每年都會進行「灌叢防治」。在西南地區，大約有30萬平方公里的牧豆樹需要治理，而化學噴劑通常是最受推崇的方法。為了給抗藥性更強的松柏騰出空間，人們在廣大的木材產區噴撒了藥劑，目的是清除闊葉硬木。自一九四九年以來的十年間，施用除草劑的農田面積增加了1倍，到了一九五九年已經達到了21萬平方公里。而個人草坪、公園和高爾夫球場加起來的數目肯定是天文數字。

化學除草劑是一種新型工具。它們效用驚人、令人目眩，賦予了人類超越自然的力量，至於那些長期但不明顯的影響，很容易被當成悲觀主義者的臆想而遭到忽視。「農業工程師」熱情洋溢地鼓吹「化學耕種」，稱噴霧槍將取代犁頭。成百上千個社區的市政領導，對化學農藥的銷售人員和熱情的承包商洗耳恭聽，而承包商則宣稱可以收取低廉的費用鏟除路邊的灌木。他們聲稱這種方法比割草更便宜。也許在官方帳本裡整潔漂亮的數據會是這樣。然而，真正的成本不僅僅是以美元計算的，還包括其他種種弊端，例如，大規模的化學品廣告會產生更多的巨額費用，對環境及各種生物造成的長遠破壞還需另外計算。

例如，我們拿受到商家重視的遊客評價來打個比方。如今，曾經美麗的路邊風景受到了嚴重的損毀，蕨類植物、野花和漿果點綴的灌木叢不見了，取而代之的是一片枯萎、焦黃的植被，所以越來越多人齊聲反對使用化學除草劑。新英格蘭地區的一位婦女氣憤地向報紙投稿說：「我們正在把路邊風景糟蹋成一個骯髒、枯槁、死氣沉沉的地方，我們花費了那麼多錢宣傳這裡的美景，這可不是遊客想要看到的。」

一九六〇年夏天，來自各州的環保人士齊聚緬因州一座靜謐的島嶼上，共同見證國家奧特朋協會主席米利森．賓漢（Millicent Todd Bingham）的演講，主題是保護自然景觀，以及由各種生物包括從細菌到人類交織而成的生命之網。但是，所有來到島上的人們談論的話題都是對路邊風景遭到破壞的憤怒。從前，穿過常青樹林散步是心情愉悅的享受，兩旁都是楊梅、香蕨木、赤楊和越橘。如今，全都變成了一片灰色的不毛之地。一位環保人士寫下了八月分遊覽緬因島的情景：「回來後，我爲緬因州道路兩旁的破敗景象感到憤怒。前些年，高速公路布滿了野花和漂亮的灌木，現在只剩下一片又一片的殘枝敗葉……從經濟角度看，緬因州能夠承受失去遊客的損失嗎？」在全國範圍內，以路旁灌叢防治為名義的無意識破壞活動正如火如荼地進行。緬因州僅是其中一例，對於我們這些喜愛緬因州風景的人們而言，這是尤為痛苦的事情。

康乃狄克州植物園的植物學家宣布，對美麗灌叢和野花的毀滅已經達到了「危機邊緣」。杜鵑、月桂、藍莓、越橘、莢蒾、山茱萸、楊梅、香蕨、唐棣、冬青樹、野櫻、野李子在化學攻擊來臨之前已經枯萎了。雛菊、黑心金光菊、野胡蘿蔔、一枝黃花以及秋紫菀也已經凋零，這些植物曾賦與這片風景優雅的氣質和迷人的魅力。

噴撒農藥的計畫不僅不周全，而且濫用情況嚴重。在新英格蘭南部的小鎮上，一個承包商完成工作後，把桶裡剩下的農藥一股腦兒地灑在道路兩旁，但是這裡並沒有授權可以使用農藥。路旁原來生長著美麗的紫菀和一枝黃花，吸引人們不遠長途前來觀賞，然而，灑藥之後，這個社區再也見不到花草相映、藍金交織的美麗景色。在新英格蘭的另一個社區，另外一個承包商在公路局毫不知情的情況下，私自改變了噴撒標準，把農藥從規定的最高 1.2 公尺的噴撒高度提高到 2.4 公尺，結果留下了一大片灰白的痕跡。在麻薩諸塞州的一個社區，城鎮官員從熱情的化學品銷售人員手中買了一種除草劑，卻不知道這是含砷藥劑。在道路兩旁噴撒農藥的結果之一，就是十幾頭乳牛中毒而死。

一九五七年，沃特福德鎮在道路兩旁施用了除草劑後，康乃狄克植物園中的樹木遭到了嚴重的毀壞。即使沒有直接噴撒到的大樹也受到了影響。雖然正值春天生長的季節，橡樹的葉子卻開始蜷曲枯萎。緊接著新枝開始瘋長，由於速度過快，樹林呈現出如垂柳一般淒涼的景象。兩個季節之後，大的樹枝已經死去，其他樹枝的葉子早已掉光，整片樹林呈現出扭曲、衰敗的景象。

我知道有一段路，在那裡，大自然孕育了更多的赤楊、莢蒾、香蕨和刺柏，還有鮮豔的花朵隨著季節變化散發出不同的香氣，秋天一到，成串的果實如寶石般掛在樹上。這條路沒有多大的交通壓力，急轉彎和交叉口很少有阻礙司機視線的灌木叢。然而，噴藥人員接管這條路後，人們再也不留戀這幾英里的風景了，他們匆匆而過，一邊忍受著這樣的景象，一邊懊惱地想：怎麼讓技術人員創造了這樣一個貧瘠醜陋的世界呢？然而，很多地方的政府卻表現得遲疑而畏縮。由於監管缺失，在嚴格系統的防治下卻殘留了片片「美景之斑」。而正是這些斑駁綠洲的對比，使得道路兩旁廣闊的不毛之地愈加慘不忍睹。

在這裡，看到隨風飄動的白色三葉草，或者成片的紫色野豌豆花、如火焰般盛開的百合花，都會讓我心情振奮。而對於銷售和施用化學除草劑的人們而言，這些植物都是「雜草」。在雜草防治會議（如今已成為常規機制）的某一期記錄裡，我看到了一篇關於除草哲學的奇談怪論。文章的作者說殺死好的植物是正確的，並為此而辯護，聲稱只要這些植物長在一起就有危害。他說，那些反對消滅路邊野花的人們讓他想起了反對活體解剖的人：「按照他們的做法來看，一隻流浪狗比孩子們的生命更神聖。」

這篇文章的作者，認為我們更偏愛野豌豆、三葉草和百合花那種轉瞬即逝的美麗，卻不喜歡那些路邊的灌叢和蕨木，因為那些灌叢就像被大火燒過一樣的，焦黃又極其脆弱。曾經氣宇軒昂的蕨類生機盎然，如今卻變得垂頭喪氣，毫無生機。我們能容忍這些「雜草」的存在，不因根除它們而感到高興，也沒有因為人類再次戰勝邪惡的自然而狂喜，真是不可思議。毫無疑問地，作者一定覺得我們的性格很扭曲。

法官道格拉斯提到他曾參加過的一場聯邦專家會議，他們在會上討論了本章提到的居民對三氯蒿噴撒農藥的抗議。這些專家認為，一位老太太反對消滅野花的行為是極其可笑的。「她尋找一株萼草或者虎百合的行爲，不正像牧場工人尋找牧草、伐木工尋找樹木一樣，是不可剝奪的權利嗎？原野給予我們的美學價值，與山脈中的銅礦和金礦以及山上的林木一樣珍貴，」這位仁慈而有洞察力的法官說道。

當然，除了審美方面的原因，保護路邊植被還有更多的意義。因為在自然界中，自然植被居於十分重要的地位。鄉村公路和綠化帶旁的樹籬為眾多鳥類提供了食物、蔽蔭和築巢的地方，它們還是很多小動物的家園。單就美國東部地區約70種典型的路邊灌木和藤蔓植物而言，就有65種是野生動物的主要食源。

這些植被還是很多野蜂和其他傳粉昆蟲的棲息之地。但是，人類卻往往意識不到這些野生傳粉動物的重要性。甚至很多農夫不了解野蜂的價值，因而常常加入消滅牠們的隊伍中。某些農作物和許多野生植物部分或者完全地依賴當地昆蟲來傳播花粉。為農作物傳粉的野蜂多達幾百種，單就苜蓿而言，就有1百多種野蜂為它們傳粉。如果沒有這些昆蟲，在曠野裡生長的植物就會死掉，土壤就無法保持，因而會變得貧瘠，進而對整個地區的生態產生深遠影響。森林和牧場中的許多野草、灌叢和樹木都要依靠當地的昆蟲傳粉才能繁殖。如果沒有了這些植物，許多野生動物和牧場牲畜將沒有食物可吃。如今，精耕法和化學品正在毀滅樹籬和野草，使得傳粉昆蟲失去避難之所，進而割斷了生命的鏈條。

如人們所知，這些昆蟲對我們的農業和風景是非常必要的，需要我們加以保護，而不是毫無顧忌地搗毀其棲息地。蜜蜂和野蜂對一些「野草」有很強的依賴性，因為花粉可以為幼蟲提供食物，例如一枝黃花、芥菜和蒲公英等。在苜蓿開花之前，野豌豆花為蜜蜂必要的食物來源，幫助牠們度過春荒季節。到了秋天，百花凋零，沒有了其他食物來源，蜜蜂就會依靠一枝黃花為冬天積蓄能量。在大自然的精心安排下，柳樹開花的那天，恰恰好會出現某種野蜂。明白這些道理的人並不少，可惜的是，這些人並不包括那些對整個地區鋪天蓋地噴撒除草劑的人員。

那麼，那些本應該懂得保護野生動物棲息地價值的人們又去哪裡了呢？他們中間很多人在替除草劑做「無害」辯護，因為他們認為除草劑對野生動物的毒性要比殺蟲劑小得多，所以才得出了除草劑無害的結論。但是，除草劑隨著雨水進入森林、田地、沼澤和牧場後，會產生巨大的影響，甚至對野生動物的棲息地造成永久性破壞。從長遠角度看，毀滅野生動物的家園和食物帶來的後果恐怕比直接殺死牠們更糟糕。

對路旁和公用地進行全面的化學攻擊給我們帶來了雙重諷刺。這種措施會適得其反。因為已有經驗表明，地毯式地噴撒除草劑並不能永久控制路邊的灌叢，因為需要年復一年地噴撒農藥。更為諷刺的是，儘管我們知道有更加妥善的方法，那就是採用選擇性噴藥的方法，就完全可以實現植被的長期控制，而不需要對大部分植物反覆噴撒，但是我們執迷不悟。

在路邊進行灌叢防治的目的不是清理除了草之外的所有植物，而是清除那些阻礙駕駛員視線或妨礙了公路線纜的高大植物。通常情況下，高大的植物就是樹。大部分低矮的灌木植物構不成威脅，蕨類植物和野花更是如此。

選擇性噴藥是法蘭克．艾格勒（Frank Egler）勒任職於美國自然歷史博物館期間，並兼任公路灌叢防治建議委員會主任時提出的。這種方法利用了自然界的內在穩定性，因為大部分灌木植物可以抵抗樹木的入侵。比較而言，草地更容易受到樹木幼苗的侵襲。選擇性噴藥不是在路邊培植草地，而是直接處理高大植物，進而保護其他植物。一次性的處理處理基本上足夠了，如果遇到比較頑固的植物，可再追加處理。這樣的話，既實現了灌叢的防治，高大植物也不會捲土重來。所以，最高效、最低廉的植被防治不是透過化學藥品，而是透過其他植物來實現。

這種方法已經在美國東部很多地區進行過試驗了。結果顯示，只要處理得當，一個地區的植被就會保持穩定，之後的二十年內毋須再次噴藥。通常，噴藥人員可以背著噴霧器步行完成噴撒作業，這樣可以實現對噴嘴的完全控制。有時候，也可以在卡車的底盤上放置壓縮泵和噴嘴，但是絕不會進行地毯式的噴撒。且處理的目標也僅僅是樹木和那些過高而必須清除的灌木。這樣就保護了整個環境的完整性，野生動物的棲息地也不會受到破壞，灌叢、蕨類和野花構成的美景也得以保存。

選擇性噴藥的方法已經在很多地方得到推廣。一般說來，根深柢固的習慣仍然難以消除，地毯式的噴撒仍在持續，每年都會浪費納稅人的大量金錢，並對生態系統造成破壞。陳舊的方法得以苟存是因為真相沒有大白於天下。如果納稅人知道在道路旁邊噴撒藥劑一代人只需一次，而不是一年一次的話，他們肯定會起來抗議，要求改變這種方法。

選擇性噴藥的眾多優點之一就是，它可以將某一地區的用藥量降到最低，毋須遮天蔽日地噴撒，而是在需要清除樹木的地方進行有針對性的處理。這樣對野生動物的潛在危害也降到了最低。

使用最為廣泛的除草劑是2,4-D、2,4,5-T以及相關的化合物。這些化學品是否有毒還存在爭議。在自家草坪上使用2,4-D的人們接觸到藥劑後，有時會患上急性神經炎，甚至是麻痺。儘管這種案例並不常見，醫學權威還是建議謹慎使用這類化學藥劑。2,4-D還可能引發其他一些潛在的危害。實驗顯示，它會擾亂細胞呼吸的基本生理過程，並會像X光一樣破壞染色體。近來一些研究顯示，即使遠低於致死的劑量，2,4-D以及另外一些除草劑也會對鳥類的繁殖產生不利影響。

除了直接的有毒副作用外，一些除草劑還會產生奇怪的間接影響。人們發現一些動物，既包括野生食草動物，又包括牲畜，有時候會被噴撒過藥劑的植物吸引，儘管這種植物不是牠們天然的食物。如果使用了像含砷除草劑這樣毒性較強的藥劑，動物對枯萎植物的強烈食慾會導致災難性的後果。如果碰巧植物本身有毒，或者長有荊棘和芒刺的話，一些毒性較輕的除草劑也可能致死。比如，牧場上的毒草在噴撒過藥劑之後突然變得對牲畜具有強大的吸引力，牲畜就會因沉溺於這種異常的口味而死亡。獸醫藥物文獻中有很多類似的例子：豬吃了噴撒過藥劑的蒼耳後會患上嚴重的疾病；羔羊會吃噴過藥的薊草；薺菜開花後噴藥會使蜜蜂中毒。野生櫻桃本身的葉子就有很強的毒性，一旦噴撒過2,4-D之後，會對牛產生致命的誘惑。很明顯，噴藥後（或割下來後）的枯萎植物更具吸引力。狗舌草是個不尋常的例子。除非在深冬和早春沒有其他食料迫不得已的時候，不然的話，牲畜是不會吃這種草的。然而，在噴撒過2,4-D之後，牲畜就很難抵抗這種草的誘惑。這種奇怪行為的誘因可能是因為化學品改變了植物體內的新陳代謝。噴過農藥之後，植物體內的糖分會顯著增加，使得這種植物對動物更具吸引力。

2,4-D的另一個奇怪的作用就是對牲畜、野生動物和人類都有巨大的影響。十年前的實驗證明，經過這種化學品處理之後，玉米和甜菜的硝酸鹽成分會急劇增加。高粱、向日葵、紫露草、羊腿草、藜、蕁麻都有類似的反應。牲畜毫不在意植物上噴過2,4-D，會吃得津津有味。據一些農業專家講，很多家畜的死亡可以追溯到噴過藥的野草。對於反芻動物奇特的生理機能而言，硝酸鹽成分增加是很大的威脅。這類動物具有極其複雜的消化系統，牠們的胃分為四個腔室。纖維素透過其中一個腔室的微生物（瘤胃細菌）完成消化，如果動物吃了硝酸鹽含量異常高的植物，瘤胃內的微生物會把硝酸鹽轉化為毒性很強的亞硝酸鹽。因此，就會發生一連串的死亡事件：亞硝酸鹽作用於血紅蛋白，會產生一種巧克力色的物質，氧氣會被這種物質禁錮而無法參與呼吸過程，因而無法從肺部傳送到各個組織。因為缺氧，幾個小時內動物就會死亡。這樣，牲畜吃過含2,4-D的野草而死亡的報告就有了合乎邏輯的解釋。反芻類野生動物也面臨同樣的危險，例如：鹿、羚羊、綿羊和山羊等。

儘管有多種原因都會造成硝酸鹽上升，例如乾燥的氣候，但是2,4-D的廣泛應用不容忽視。這種狀況已經引起了威斯康辛大學農業實驗室的重視，工作人員在一九五七年曾發布警告：「被2,4-D殺死的植物可能含有大量的硝酸鹽。」人類和動物面臨著同樣的危險，這有助於解釋近來不斷發生的神祕「糧倉死亡」事件。含有大量硝酸鹽的玉米、燕麥或高粱在儲藏期間會釋放出有毒的氧化氮氣體，任何人進入糧倉都會受到致命的威脅。呼吸幾口氧化氮就會引發化學性肺炎。在明尼蘇達大學醫學院研究的一系列類似案例中，除了一人外，其餘全部死亡。

「我們在大自然中行走，就像是在擺滿瓷器房間亂闖的大象」，對於殺蟲劑的使用，荷蘭一位科學家高瞻遠矚地說：「我認爲有很多事，我們都是抱著想當然的態度。我們並不知道田地裡所有的野草是否都有害，甚至不知道其中還有一些是有益的植物。」很少人會注意到這個問題，那就是野草和土壤的關係如何？即使從人類自身的利益來考慮，它們的關係也是有用的。正如我們所知，土壤與地上地下的生物之間存在著彼此依賴、互惠互利的關係。野草會從土壤中汲取一些東西，它們也會回饋土壤。最近，荷蘭的一座城市花園就證明這種關係，那裡的玫瑰生長狀況不是很好，土壤取樣檢測表明有嚴重的線蟲感染。荷蘭植物保護局的科學家並沒有建議使用化學噴劑或進行任何土壤處理，而是建議種上一些金盞花。毫無疑問，純粹主義者一定會把這種植物當作玫瑰花壇中的雜草。實際上，金盞花的根部會分泌一種可以殺死線蟲的物質。於是，人們在一些花壇中栽種了金盞花，而另外一些花壇則沒有種植。結果令人稱奇，在金盞花的幫助下，玫瑰生長得十分旺盛；而沒有栽種金盞花的玫瑰都病怏怏、無精打采地垂喪著。如今，很多地方都開始使用金盞花來對付線蟲。被我們無情鏟除的其他植物，可能會以不為人知的類似方式，對土壤的健康發揮著必要的作用。自然植物群落（被汙蔑為「雜草」）的一個重要作用就是指示土壤狀況。在使用化學除草劑的地方，它們的這種功能肯定已經喪失了。

那些用藥物解決一切問題的人們忽略了一件具有科學意義的事情——保護自然植物群落。我們需要這些植物作為人類活動所引起變化的參照物。它們還能為各種昆蟲和其他生物的原始群體提供棲息地，因為抗藥性不斷發展，改變了昆蟲和其他生物的遺傳物質（將在第16章詳細解釋）。一位科學家甚至建議，在昆蟲的基因進一步改變之前，我們應該建立保護昆蟲、蟎類以及類似種群的「昆蟲園」。

一些專家就除草劑日益廣泛的使用而產生的細微卻影響深遠的植被變化提出了警告。化學藥劑 2,4-D 可以殺死闊葉植物，使草類失去競爭而瘋長。如今，一些草本身變成了「雜草」，成了新的防治目標，整個循環又重新開始。這個奇怪的問題已經在最近一期的農業雜誌上得到了證實，「2,4-D 的廣泛使用限制了闊葉植物，使得草類生長迅猛，進而成爲玉米和大豆新的威脅」。

花粉病患者的病原——豚草就是一個人類企圖控制自然卻作繭自縛的例子。高達幾千幾萬加侖的化學除草劑以防治豚草的名義噴撒到了路邊。然而，不幸的是，豚草不但沒有減少，反而更多。豚草是一年生植物，幼苗在開闊的土地上才能生長。所以，治理這種植物的最佳辦法就是保持茂密的灌叢、蕨類植物以及其他多年生植物。噴撒的藥劑通常會破壞這些保護性植被，因而開闢了廣闊的空間，豚草就會見縫插針地瘋狂占領這些地方。另外，空氣中的花粉含量可能與路邊的豚草並無關係，而是與城市地段上與休耕地上的豚草密切相關。

捨本逐末的做法曾盛極一時，馬唐草專用除草劑的銷量猛增是其中另一個例子。與年復一年地使用化學品相比，還有一種更廉價、更有效的方法可以清除這種草。那就是讓它與其他草類競爭，因為它在競爭中不占任何優勢。馬唐草只能在長勢不好的草坪上生長，這是一種症狀而不是疾病。提供肥沃的土壤，使我們需要的草類健康成長，就可能創造出不適合馬唐草生長的環境，因為只有在開闊的空間它才能年復一年地生長。

化學品生產商把訊息傳遞給花場工人，郊區的農民又從花場工人那裡得到建議，所以他們不會去改善土壤狀況，而是繼續在自家的草坪上噴撒大量除草劑。從各種銷售品名上根本看不出它們的特性，很多化學藥劑中卻含有多種毒素，例如：汞、砷、氯丹等。根據建議的施用劑量，大量毒素殘留在草坪裡。例如，一種產品的用戶如果按照產品指南，就會在每英畝的土地上使用27公斤靈丹。如果使用的是另一種產品，他就會在每英畝土地上噴撒79公斤的砷。我們在第8章會看到，鳥類大量死亡令人心痛，但是，這些草坪對人類的危害尚不得而知。

透過實驗我們發現，在路邊選擇性噴藥的成功為健康的生態防治提供了希望，因為它可以應用於其他防治計畫，如農場、森林和牧場等。這種方法不是以毀滅某一種植物為目的，而是將整個植被當作一個有機整體來管理。其他一些實實在在的成就也說明了我們可以做到的事情。在防控多餘植物方面，生物控制已經取得了顯著的成績。困擾我們的問題，大自然也曾遇到過，通常它用自己的方式成功地解決了。如果聰明的人類懂得觀察和模仿自然的話，通常也會取得成功。

對加利福尼亞州的「克拉莎」的處理就是一個控制多餘植物的出色案例。克拉莎，或稱華克拉莎，它的故鄉在歐洲（在那裡被稱作聖約翰草），隨著移民一路向西，並於一七九三年首先出現在美國賓夕法尼亞州蘭開斯特市附近。到了一九〇〇年，這種草蔓延至加州克拉馬斯河附近，並因此得名。到了一九二九年，這種草已經占據了405平方公里的牧場。到了一九五二年，已經有10125平方公里的土地遭到侵襲。

不同於三齒蒿這樣的本土植物，克拉莎在當地生態系統中沒有自己的位置，其他生物也不需要它。相反，在它出現的地方，牲畜如果吃了就會「滿身疥瘡、口腔潰瘍，變得毫無生氣」，土地的價值也會隨之降低，因而克拉莎被認為是罪魁禍首。

在歐洲，克拉莎從來都不是問題，因為與之相適應，有很多昆蟲不斷進化，牠們以克拉莎為食，從而抑制其規模。尤其是法國南部兩種豌豆大小的甲殼蟲有著金屬般顏色的外殼，完全適應了克拉莎，而且只以此為食來繁衍生息。一九四四年首批引進這兩種甲殼蟲可以算得上一次具有歷史意義的事件，因為這是北美地區首次使用食草昆蟲來控制某種植物。到了一九四八年，兩種甲殼蟲繁殖良好，毋須進一步引進了。甲殼蟲的擴散是這樣完成的：首先從原有地區蒐集甲殼蟲，然後以每年數百萬的數量投放出去。在一些較小的區域，甲殼蟲會自行擴散，一旦克拉莎消失後，牠們就開始轉移，然後在另一個地方精準地紮營。隨著克拉莎的消退，人們需要的牧草又漸漸繁榮起來。

一九五九年完成的一項十年調查顯示，克拉莎的防治取得了「比那些熱心腸的預期更好的效果」，這種草的數量已經減少到了原來的1%。剩餘的草已經不會構成危害了——而且實際上是必需的，因為要保持一定數量的甲殼蟲，以防止克拉莎東山再起。

雜草防治另一個經濟高效的例子發生在澳洲。當年，殖民者經常會帶一些植物或動物去往新的國家。大約在一七八七年，一位名叫亞瑟．菲利普（Arthur Phillip）的船長帶了各種仙人掌來到澳洲，用來培育製作染料的胭脂蟲。其中一些仙人掌逃出了他的花園，到了一九二五年，大約出現了20種野生仙人掌。在新的地方，失去了天然的控制，仙人掌得以迅速擴張，最終占據了約24萬3千平方公里的土地。在這些土地中，至少有一半完全成了仙人掌的天下，從而變得毫無用處。

一九二〇年，一批澳洲昆蟲學家前往南北美洲，研究當地仙人掌的昆蟲天敵。經過對幾種昆蟲的反覆試驗，他們在一九三〇年把30億顆阿根廷飛蛾卵帶回了澳洲。七年後，最後一片遭受仙人掌破壞並占據，變得不宜居住的地區又可以定居和放牧了。整個計畫的成本是每英畝不到1便士（約新臺幣0.39元）。相反，最初的化學控製成本是每英畝10英鎊（約新臺幣412元），結果卻不盡人意。

這些例子都表明，控制各種多餘的植物時，可以關注食草昆蟲的作用。這些昆蟲可能是食草動物中最挑剔的，牠們極其嚴格的飲食很容易為人類做出貢獻，牧場管理科學卻基本上忽略了這種可能性。

第7章

無妄之災

Needless Havoc

當人類朝征服自然的目標前進時，他們已經創下了令人心痛的破壞記錄，地球不僅遭到了破壞，而且與之共享地球的其他生物也無法倖免。近來的幾個世紀簡直就是一部黑色的歷史：西部平原水牛的屠殺、槍手對海鳥的殘害，人類為了得到白鷺的羽毛而對其趕盡殺絕。如今，我們正為這部黑暗歷史書寫新的內容，一場浩劫正在徐徐拉開帷幕：人們在土地上肆意地使用殺蟲劑直接殺死了鳥類、哺乳動物、魚類——幾乎所有的野生動物。在我們生存哲學的指引下，沒有什麼可以阻擋手拿噴槍的人們。在噴藥戰役中偶然的受害者根本不值一提，如果知更鳥、野雞、浣熊、貓或者牲畜碰巧與害蟲生活在同一區域，被雨水般的化學毒藥所擊倒，任何人也不得抗議。

當今，希望對傷害野生動物做出公正裁決的人，面臨進退兩難的境地。一方面，環保人士和很多野生動物專家斷言環境破壞是極其嚴重的，甚至產生災難性的後果。而另一方面，控制部門卻斬釘截鐵地否認傷害已發生，即使有也沒什麼嚴重的後果。我們應該相信誰呢？

目擊者的說法是最可信、最重要的。在現場的野生動物學專家最有可能發現並解釋野生動物所受到的傷害。但昆蟲專家缺乏臨場專業素養，也不願承認自己的防治計畫附帶毒害作用。州政府和聯邦政府防治人員，再加上化學品生產商則一直否認生物學家的報告，並聲稱沒有任何證據表明對野生動物造成了傷害。他們選擇無視這些事實。即使我們慷慨地把他們的否認當作專家的短視和私利作祟，也並不意味我們採信他們的說法。

做出判斷的最佳方法就是觀察主要的防治計畫，並向熟悉野生動物習性，且對化學品持公正態度的觀察者請教：當如雨般的毒藥從空中灑向野生動物世界後發生了什麼？對於鳥類觀察者、以賞鳥為樂的郊區居民、獵人、漁民或荒野探險者來說，如果有什麼東西破壞了一個地區的野生動物種群，即使僅在一年的時間內，也等於剝奪了他們享受快樂的合法權利。這是一個令人信服的論點。即使有的時候，一些鳥類、哺乳動物、魚類在一次噴藥後會恢復過來，也會造成嚴重的傷害，而且也不可能恢復。因為噴藥通常是重複進行的，哪怕野生動物只接觸一次，恢復的機會也會很渺茫。其結果往往是造就了有毒的環境、致命的陷阱，不僅原來的動物深受其害，而且新遷來的也不能置身其外。噴藥的面積越大，造成的傷害也就越大，因為安全綠洲已經不復存在。

如今，在以昆蟲防治計畫（幾萬甚至幾百萬英畝的土地被噴撒藥劑）為標誌的十年裡——在私人和公共用地的用藥量激增的這十年中，美國野生動物的傷害和死亡記錄也在不斷刷新。讓我們來了解一下這些計畫，看看隨之發生了些什麼。

一九五九年秋天，密西根南部約1093平方公里的地區，包括底特律市的很多郊區，都被來自空中的阿特靈顆粒覆蓋著。阿特靈是所有氯代烷中最危險的。這項計畫由密西根州和美國國家農業部聯合進行，目的是控制豆金龜。

實際上沒有必要進行如此猛烈而危險的行動。與上述做法相反的是，美國著名的博物學家，學識淵博的沃特．尼克爾（Walter P. Nickell）表達了不同意見。他大部分時間都在田野裡度過，而且每年夏天都會在密西根南部待很長時間。他說：「三十多年以來，以我的直接經驗看，豆金龜在底特律的數量很少。在過去幾年中，並沒有見到甲蟲數量明顯增加。一九五九年，除了政府在底特律設置的黏蟲卡逮住了幾隻之外，我沒見過一隻豆金龜……所有的事情都在祕密進行，牠們數量增多有什麼後果，我們都不得而知。」州政府的官方消息宣布，甲蟲已經在其指定進行空中打擊的區域「大量出現」。儘管並不令人信服，這項計畫還是如火如荼地展開。密西根州提供人力，並監管計畫的執行，聯邦政府提供設備和補充人員，殺蟲劑的費用則由各個社區均攤。

豆金龜是意外引進美國的。一九一六年，豆金龜首次出現在紐澤西州，當時，利佛頓市附近的一個苗圃裡發現了渾身綠瑩瑩的甲蟲。起初，人們並不認識這些蟲子，後來確認牠們是日本群島的普通居民。很明顯，牠們是在一九一二年實行限制之前，隨著苗木進口一起來到美國的。

從進入美國起，豆金龜就開始在密西西比河以東的各個州擴散開來，因為那裡的溫度和降雨很適合甲蟲生存。甲蟲每年都會向新的領地擴張。在甲蟲長期生存的東部地區，人們嘗試了自然控制的方法。諸多記錄表明，在採取了措施的地區，甲蟲的數量被控制在比較低的範圍。

儘管東部地區有合理的控制經驗，但中西部各州面對近在咫尺的甲蟲時，發動了潮水般的攻勢，這種攻擊足以打擊任何頑固的敵人，而不是區區一些蟲子。他們使用了最危險的化學品，使無數的人、家畜以及所有的野生動物都暴露在針對甲蟲的毒藥之下。結果，這些控制甲蟲的計畫導致了大量動物死亡，並使人類面臨不可否認的危險。在控制甲蟲的名義下，密西根、肯塔基、愛荷華、印第安納、伊利諾以及密蘇里的諸多地區都遭到了化學藥劑雨水般的襲擾。

其中，密西根州的噴霧行動是第一次針對豆金龜開展的大規模空中打擊。由於阿特靈是當時最便宜的化學藥劑，選擇這種最致命的化學藥劑，不是因為它的殺傷力大、效果好，而是出於省錢的考慮。雖然州政府透露給媒體的官方消息中承認阿特靈是一種「毒藥」，但是他們宣稱這種藥劑不會對人口稠密的地區造成危害（對於「我們應該採取哪些預防措施？」這種疑問，官方的答覆是：「你們用不著擔心。」）聯邦航空局的一位官員在當地媒體上稱：「這是一次安全的行動。」底特律公園和娛樂部的一名代表也附和：「噴霧對人類無害，也不會傷害植物或者你家的寵物。」所有的人都會懷疑這些官員根本沒有查閱過早已出版、唾手可得的美國公共衛生局、魚類及野生動物管理局和其他關於阿特靈劇毒的報導。

密西根害蟲防治法允許該州毋須通知個人或者得到個人允許，便可以進行噴藥，於是飛機開始低空飛行作業。緊接著，市政府和聯邦航空局立即被市民擔憂的電話包圍。據底特律新聞報導，在一個小時內，這些地方接到近8百通電話後，警方向電台、電視和新聞報紙求助，告知市民「他們所見到的事情的眞相，而且這是一次安全的行動」。聯邦航空局的安全官員向公眾保證：「飛機是受到嚴密監控的，也是得到低空授權的。」他還做了一些錯誤的嘗試來安撫公眾的恐慌，補充說飛機上有安全閥門，可以瞬間丟棄所有的藥物。所幸的是，這樣的事情並沒有發生。在飛機作業的時候，彈藥似的殺蟲劑落在甲蟲身上，也落在人們身上。「無害」的毒粉砸在購物和上班的人們身上，也掃射在午餐時間走出校門的孩子身上。家庭主婦忙著把門廊和人行道上的顆粒掃出去，據她們說，這些地方就像剛剛下了一場雪。之後，密西根奧特朋協會指出：「在屋頂木瓦的縫隙、簷溝、樹皮和樹枝的裂縫裡，落滿了釘頭大小的細小白色阿特靈黏土混合顆粒……一旦遇到下雨或下雪，每個水坑都會變成致命的毒劑。」

噴霧行動僅僅幾天之後，底特律奧特朋協會便開始接到關於鳥類的求助電話。據協會祕書長安妮·博伊斯夫人（Ann Boyes）說：「在星期天的早上，我接到了第一個有關鳥類的電話，一名婦女說她在教堂回家的路上看到許多已經死亡和瀕臨死亡的小鳥，數量觸目驚心，這說明人們開始擔心噴霧的後果了。噴霧是在星期四完成的。她說，之後所有的地方都不見鳥兒飛翔了，她還在自家的後院裡發現了至少12隻小鳥的屍體，她的鄰居還發現了死去的松鼠。」那天博伊斯夫人接到的所有電話都在報告：「大量死亡的小鳥，沒有一隻還活著……家裡有餵鳥器的人說一隻鳥兒也沒來。」被發現的垂死鳥兒表現出典型的殺蟲劑中毒症狀：顫抖、麻痺、抽搐，失去飛行能力。

受到直接影響的動物不只是鳥類。一位當地的獸醫說，他的診室裡全是給小狗、小貓看病的人。小貓會非常細緻地舔自己的爪子，梳理頭部的毛，所以病情也最嚴重。牠們的症狀是嚴重腹瀉、嘔吐和抽搐。獸醫能給的建議無非是盡量讓小貓待在屋裡，如果出去的話，回來要立即清洗牠們的爪子。但是，就連蔬菜和水果上的氯代烷都洗不掉，可見，這種措施起不到任何保護作用。

儘管城鎮的衛生專員極力否認，稱鳥兒是被「其他噴劑」殺害的，接觸阿特靈後引起的喉嚨和胸腔過敏一定是「別的物質」造成的，但是當地衛生部門遭到了潮水般的投訴。底特律一名著名的內科醫生在一小時內被請去治療四名病人，他們都是在觀看飛機噴藥時接觸了藥劑。所有人都表現出相同的症狀：噁心、嘔吐、發燒且感覺寒冷、極度疲乏、咳嗽。

使用化學藥劑對付豆金龜的呼聲不斷升高，使底特律的經歷在其他地方反覆上演。在伊利諾州的藍島市，人們發現了幾百隻已經死亡和奄奄一息的鳥兒。一九五九年，伊利諾州朱利葉市大約有12平方公里的土地經七氯處理。據當地一家獵人俱樂部的報告，經過處理的區域內鳥類「幾乎死光了」。兔子、麝鼠、負鼠和魚類也大量死亡。當地的一所學校蒐集中毒而死的鳥類，當成科學專題研究……

可能不會有別的地方比伊利諾東部的謝爾頓市和相鄰的易洛魁郡地區的遭遇更加悲慘了，因為這些地方根本沒有甲蟲。一九五四年，美國農業部聯合伊利諾農業局開始沿入侵路線根除豆金龜，希望借高密度的噴撒消滅所有入侵的昆蟲。第一次鏟除行動就在當年發生了，5.6平方公里的土地上被噴撒上了狄氏劑。一九五五年，另外10平方公里的土地受到了同樣的處理，原以為任務已經完成。然而，越來越多地區要求進行化學防治，結果到一九六一年末，大約有530平方公里的土地進行了化學殺蟲。

噴藥的第一年，就有很多野生動物和家畜死亡了。儘管如此，在沒有與美國魚類及野生動植物管理局或伊利諾狩獵管理部門協商的情況下，化學治理還是得以進行。（然而，在一九六〇年春天，農業部的官員在一次國會上對一項要求提前協商的法案提出了反對意見。他們委婉地宣布，這項法案沒有必要，因為合作和協商是「經常性的」。這些官員根本想不起「在華盛頓層面」那些不予合作的情況。在當天的聽證會上，他們也明確表示不願意與州漁業和狩獵部門協商。）

化學防治的資金總是源源不斷，但是伊利諾自然歷史調查所的生物學家在研究野生動物所受傷害時卻捉襟見肘。在一九五四年，他們只有1千1百美元（約新臺幣3萬5千元）用於僱傭一名現場助手，而在一九五五年則沒有任何專門資金。儘管困難重重，生物學家們還是蒐集了很多證據，進而描繪出了野生動物遭受毀滅的悲慘畫面——這種毀滅往往在計畫剛開始執行就已經很明顯了。

食蟲鳥類的中毒程度不僅僅取決於所用的藥劑，還與牠們所引發的反應有關。在謝爾頓市早期計畫中，每英畝土地施用了1公斤的狄氏劑。但是，鵪鶉實驗已經證明狄氏劑的毒性大約是DDT的50倍。因此，謝爾頓市每英畝土地相當於承受了大約68公斤的DDT！而且這還是最小值，因為在農田的邊沿和角落，人們會重複噴撒。

化學藥劑滲入土壤後，中毒的甲蟲幼蟲因為難受會爬出地面，牠們會繼續存活一段時間，這樣就引來了鳥兒啄食。處理經過兩週後，還會有各種死亡和垂死的昆蟲出現在地面上。由此可見，對於鳥類的影響是顯而易見的。褐矢嘲鶇、椋鳥、草地鷚、擬八哥和雉雞幾乎被一掃而光。據生物學家的報告，知更鳥幾乎「全軍覆沒」。一場細雨過後，死掉的蚯蚓隨處可見，知更鳥可能是吃了有毒的蚯蚓而死的。其他鳥兒的命運也是一樣，曾經有益的雨水變成了致命的毒藥，其原因就是化學藥劑的邪惡力量。

在噴藥幾天之後，喝過雨坑裡的水或者洗過澡的鳥兒都死去了，無一倖免。

倖存的鳥兒也失去了繁育能力。儘管在處理過的地區仍發現有鳥巢，少數幾個鳥巢中也有鳥蛋，但是蛋終究不會孵出小鳥。在哺乳動物中，地松鼠已經滅絕。牠們的屍體呈現中毒暴斃的狀態。噴藥地區也發現了麝鼠的屍體，田野裡出現了死去的兔子。黑松鼠曾經是這個地區常見的動物，噴藥之後，再也難覓牠們的身影了。

在對甲蟲發動戰爭後，能在謝爾頓地區的田野裡發現一隻貓就算是上帝的恩賜了。在實施噴撒計畫一季之後，90％的貓都成了狄氏劑的受害者。由於這些毒藥在別處留下了黑色記錄，這樣的悲劇是可以預知的。貓對所有的殺蟲劑都極為敏感，尤其是對狄氏劑。在爪哇西部，由世界衛生組織開展的抗瘧計畫中，很多貓都死掉了。在爪哇中部貓死得非常多，以至於貓的價格翻了一倍多。同樣，世界衛生組織在委內瑞拉展開的噴藥活動，導致那裡的貓成了珍稀動物。

在謝爾頓地區，殺蟲運動的受害者不僅僅是野生動物和寵物。觀察發現，一些羊群和牛群都有中毒和死亡的現象。自然歷史調查所對其中一起事件進行了報告：

穿過一條礫石路，羊群被趕到了一塊未經噴藥的小型藍草牧場，因爲原來的農田在五月六日噴過了狄氏劑。很明顯，一些飛沫已經穿過馬路侵襲了這片牧場，因爲羊群立刻出現了中毒症狀……牠們不想吃草，顯得煩躁不安，沿著牧場柵欄轉來轉去，想要找到出口……牠們不願意受到驅趕，不停地咩咩叫著，頭也低垂；最後，牠們被帶離了牧場……羊群表現出很想喝水的症狀。在穿過小溪旁時，有兩隻羊已經死了，剩下的羊被反覆趕離溪水邊，還有一些羊是被硬生生拽走。最終有三隻羊死亡；其餘的慢慢恢復過來了。

這就是一九五五年末的情況。儘管在隨後的幾年中，化學戰仍在持續，但是研究其危害的經費卻已經被刪減。自然歷史調查所把需要的野生動物與殺蟲劑的研究經費列在向伊利諾立法機構提交的年度預算中，這個要求早就不可避免地被排除在外。直到一九六〇年，一位野外助手的工資才終於到手，然而他付出的勞動是一般工時的4倍。

此項研究在一九五五年就已經完全中斷，當生物學家重新開始的時候，野生動物的災難仍在繼續。與此同時，化學藥劑已經換成了毒性更強的阿特靈，鵪鶉實驗證明它的毒性是DDT的1百到3百倍之間。到了一九六〇年，在這一地區生活的哺乳類動物均受到不同程度的損害。鳥類的情況更加糟糕。在唐納文鎮，與擬八哥、北椋鳥和褐矢嘲鶇的情況一樣，知更鳥也滅絕了。在其他地方，所有鳥類的數量都在急劇減少。打野雞的獵手最能強烈地感受到這場屠蟲大戰的影響。在藥劑處理過的地方，鳥窩的數量減少大約了一半，而孵出的小鳥數量也急劇減少。在過去的幾年中，這個地方是打雉雞不可多得的好去處，如今由於沒有雉雞出沒，已經變得無人問津。

打著消滅豆金龜的旗號，人類發起了這場浩劫，在8年的時間裡，易洛魁郡超過4萬公頃的土地經過藥物處理，結果發現對於這種昆蟲的遏制只是暫時的，牠們仍在向西擴張。這次低效計畫造成的損失恐怕永遠無法計算出來，因為伊利諾生物學家給出的結果僅是一個最小值。如果有充足的經費來開展全面調查的話，結果可能會令人震驚。但是，在計畫實施的八年裡，總共只有6千美元（約新臺幣19萬元）供生物學家進行實地研究。與此同時，聯邦政府在防治計畫中投入了約37萬5千美元（約新臺幣1223萬元），州政府也提供了幾千美元。生物學家的研究經費僅僅是化學防治計畫的1%。

中西部地區的這些計畫都是在恐慌的情緒下展開，好像甲蟲的擴張造成了極端的威脅，為了對付牠們可以不擇手段。這顯然是對事實的曲解，如果承受了化學藥劑侵害的人們了解豆金龜在美國的早期歷史，他們就不會對漫天飛舞的毒藥保持緘默。

東部各州的運氣很好，甲蟲入侵是在合成殺蟲劑發明之前，他們不僅避免了蟲災，成功地控制了甲蟲的數量，並且採用的方法對其他生物不會構成威脅。與底特律和謝爾頓的噴藥相比，東部可以說是風平浪靜。這些方法充分發揮了自然的力量，效果顯著而持久，而且不會對環境造成破壞。

甲蟲在進入美國最初的十幾年中，失去了本土的控制因素，其數量增長迅猛。但是，直到一九四五年為止，在甲蟲蔓延的地方，牠們構不成什麼危害。因為從遠東引進的一種寄生蟲成為了甲蟲致命的病原體，使甲蟲的數量逐漸減少。

經過仔細搜尋，從一九二〇年到一九三三年，科學家在東亞本土找到了34種捕食或者寄生昆蟲，用來進口以實現自然控制。這些昆蟲中，有5種在美國東部狠好地生存了下來。其中效果最好、分布最廣的是來自朝鮮和中國的寄生黃蜂。雌蜂在土壤中找到甲蟲幼蟲後，會將一種液體注入甲蟲幼體內，使其麻痹，然後把卵放入幼蟲的表皮之下。蜂卵孵化後的幼蟲會慢慢吃掉麻痹的甲蟲幼蟲。在大約二十五年的時間裡，透過各州政府與聯邦機構的合作項目，東部的14個州引進了這種黃蜂。黃蜂在這片區域得到了發展，牠們在控制甲蟲方面的貢獻也得到了昆蟲學家的認可。

一種細菌性疾病發揮了更為重要的作用。這種疾病可以影響豆金龜所屬的金龜子科昆蟲。它是非常特別的有機體，不會攻擊其他昆蟲，對蚯蚓、溫血動物和植物都很安全。這種疾病的孢子生長在土壤中，被甲蟲幼蟲吞食後，它會在幼蟲的血液裡迅速繁殖，使其呈現出異常的白色，因此這種病被稱為「乳白病」。

乳白病是在一九三三年紐澤西州發現的。到了一九三八年，乳白病在豆金龜較早侵襲的地區已非常普遍。為了加速擴散這種疾病，政府在一九三九年展開一項防控計畫。當時並沒有發明擴散病原體的人造媒介，但是人們找到了一種很有效的替代物：把受感染的幼蟲碾碎、晾乾，然後與白灰混合。按照標準，每克混合物中含有1億孢子。透過聯邦政府的合作計畫，從一九三九年到一九五三年，東部的14個州約有3807平方公里的土地得到了處理，屬於聯邦政府的其他土地也得到了處理。另外，各組織和個人也在廣大的區域上自行進行了處理。到了一九四五年，乳白病已經在康乃狄克州、紐約州、紐澤西州、德拉瓦州以及馬里蘭州擴散開了。在一些實驗地區，幼蟲的感染率高達94％。一九五三年，政府組織的擴散計畫結束，轉而由私人實驗室接管，以便繼續供給個人、園藝俱樂部、公民協會以及所有其他對防治甲蟲感興趣的人們。

東部地區透過此項計畫，實現了對甲蟲的自然控制。乳白病細菌可以在土壤中存活很多年，不僅提高了控制效率，還可以透過自然媒介繼續傳播。既然在東部有如此成功的經驗，為什麼不在伊利諾州以及其他中西部地區嘗試同樣的方法，而是對甲蟲瘋狂地發動了化學戰爭呢？

有人告訴我們，用乳白病孢子接種「太昂貴」，但在四〇年代的東部14個州卻沒人這麼認為。到底是透過怎樣的計算方法得出「太昂貴」的結論呢？這顯然不是以謝爾頓噴藥的真正損失計算出的。這種判斷還忽略了一個事實——孢子只需接種一次，可以畢其功於一役。

也有人說，孢子在甲蟲分布的邊緣地帶不能使用，因為牠們只能在甲蟲密集的土壤中才能生存。跟其他支持噴藥行動的言論一樣，這種觀點同樣值得懷疑。引起乳白病的細菌可以感染至少40種甲蟲，這些甲蟲分布廣泛，即使豆金龜很少或者根本沒有的話，也能保證牠們可存活。此外，由於孢子能夠在土壤中存活很長時間，可以在沒有甲蟲的區域或者甲蟲出沒的邊緣地帶預先撒播，再靜候甲蟲的光臨。

那些不惜一切代價，希望立竿見影的人們一定會繼續使用化學藥劑來對付甲蟲。對於那些喜歡現代快速消費模式的人們也一樣，因為化學防治永續不斷，需要頻繁更新，投入巨大。

另一方面，那些希望得到圓滿結果的人們願意等上一、二季，所以他們會選擇乳白病這種防治方法；他們將得到長久的回報，而且隨著時間的推移，控制的效果會越來越好。

美國農業部在伊利諾州皮奧里亞的實驗室正在進行一項廣泛的研究，希望找到人工培育乳白病細菌的方法。這將極大地減少成本，促進這種方法的廣泛應用。經過多年努力，相繼有一些成果問世。一旦這種「突破」得以實現，我們對如何防治豆金龜就可能重拾一些心智和遠見，人們就會意識到，之前在中西部進行的滅蟲行動所造成的劫浩簡直就是一場噩夢……

伊利諾州東部的噴藥事件提出的問題，不僅屬於科學層面，而且屬於道德層面。是否任何文明都能為了自身對其他生命任意發動戰爭，而不會喪失其「文明」資格。這些殺蟲劑不是選擇性毒劑，牠們不會精心挑選出我們要打擊的那一類生物。選用的原因只因為牠們是致命的毒藥。因此，牠們會殺死所有接觸到的生物：主人心愛的小貓、農民飼養的牛、田野裡的兔子以及空中飛翔的雲雀。這些動物對人類不構成任何危害。相反，牠們的存在給人類帶來了很多樂趣。然而，人類回報給牠們的是突然驚懼的死亡。謝爾頓市的一位科學觀察員對一隻垂死的草地鷚做了如下描述：「牠斜躺在一邊，儘管牠的肌肉失去了協調能力，飛不起來，也難以站立，但仍然振著翅膀，爪子也掙扎著試圖抓住什麼東西。牠的嘴張著，呼吸顯得特別吃力。」已經死去的松鼠做出了更加可憐的無聲控訴，牠們呈現出的「死亡狀態非常特別。背部深深地彎曲著，兩只前爪緊緊抱在一起，努力伸向胸前……頭和脖子向外伸著，通常嘴裡咬著泥土，說明牠們死亡前曾啃咬過地面」。

我們居然默許了對其他生物造成極大痛苦的行為。作為人類，我們當中有誰不會因此而感到羞愧呢？

第8章

消失的歌聲

And No Birds Sing

如今，美國已有越來越多地區看不到鳥兒來報春了。以往清晨都能聽到鳥兒美妙的囀鳴，現在已經變成了一片死寂。鳥兒的歌聲伴隨著環境中的色彩、美感和樂趣，消失的如此迅速又悄無聲息，以至於那些未受影響的居民都沒有覺察到異常。

伊利諾州辛斯戴爾鎮的一位家庭主婦絕望地寫一封信給世界著名的鳥類學家——美國自然歷史博物館鳥類館名譽館長羅伯特．墨菲（Robert Cushman Murphy）。信中說道：

在我們的村子裡，最近幾年一直在給榆樹噴藥（她寫於一九五八年）。六年前我們搬到了這裡，那時候鳥類多種多樣，我安裝了一個餵鳥器。每年冬天，北美紅雀、北美山雀、絨啄木鳥、鳾鳥都會陸陸續續地飛來覓食。夏天的時候，紅雀和山雀會把幼鳥帶來。噴撒了幾年DDT之後，鎮上的知更鳥和椋鳥已經消失了；兩年來，山雀再也沒有光顧過我家的架子，今年紅雀也不見了；在附近築巢安家的鳥類好像只剩下一對鴿子，可能還有一窩貓雀。

孩子在學校裡學到，聯邦法律禁止殺害和捕捉鳥類，所以很難向他們解釋鳥兒都被殺光了。「牠們還會回來嗎？」他們問。我不知道該怎麼回答。榆樹也在漸漸死去，鳥兒更無法倖免。我們採取什麼措施了嗎？能有什麼辦法嗎？我可以做些什麼呢？

聯邦政府為了對付火蟻，開展了大規模的噴藥計畫一年後，阿拉巴馬州的一位婦女寫道：「我們這個地方在過去的半個世紀裡一直是名副其實的鳥類樂園，去年七月分我們還在議論，『今年的鳥兒比以前來的更多』。突然，在八月的第二個星期，牠們全部不見了。最近，我心愛的一匹馬剛剛產下了小馬駒，我習慣早起來照料牠們。但是聽不到一絲鳥鳴。這種情況既怪異又讓人害怕。人們對我們美麗至極的世界做了些什麼？直到五個月之後，我才終於見到了一隻冠藍鴉和一隻鶺鴒。」

在她提到的那個秋天裡，美國南部地區也發布了一些嚴峻的報告。國家奧特朋協會與美國魚類及野生動植物管理局共同出版的季刊《野外瞭望》（*Field Notes*）中提到，在密西西比、路易斯安那和阿拉巴馬出現了「鳥類全部消失的奇怪現象」。《瞭望》雜誌收錄的報告均來自富有經驗的觀察家。他們在當地生活多年，深諳當地鳥類的習性。一位觀察家報告說，她在密西西比南部開車行駛了很長的路程，連一隻鳥也沒看見。另一位來自巴頓魯治的觀察員說，她的餵食器已經有好幾個星期沒有鳥兒來過了，以前這個時候，院子裡灌叢的果實早就被啄食乾淨了，可是現在灌木上的漿果滿滿的。還有一位觀察者提到，他家的落地窗前通常會遍布著4、5十隻紅雀，還有其他各種鳥兒，現在能見到1、2隻都很難。西維吉尼亞大學的莫里斯．布魯克斯（Maurice Brooks）教授是阿帕拉契地區的鳥類專家，他的報告中提到，西維吉尼亞地區的鳥類數量「銳減的速度令人難以置信」。

有一個故事可以作為鳥類悲慘命運的象徵——一些鳥兒已經慘遭厄運，所有的鳥兒也面臨這樣的危險。這就是大家所熟知的知更鳥的故事。對於千百萬的美國人來說，年度中第一隻知更鳥的到來意味著冬天的牢籠被打破了。知更鳥的造訪往往能登上報紙版面，也會成為人們早餐時間津津樂道的話題。知更鳥不斷飛來，森林裡也萌發了絲絲綠意。在清晨的陽光下，無數的人聆聽著第一首知更鳥的合唱，美妙的音符在明媚的黎明下翩翩起舞。但是現在一切都變了，甚至鳥兒的光臨也成了奢望。

知更鳥和其他鳥類的命運看來與榆樹是緊密相連的。從大西洋沿岸到洛磯山脈，榆樹是成千上萬城鎮歷史的組成部分，牠們濃密的枝葉形成了雄偉的綠色拱廊，給無數的街道、廣場和校園增添了十足的魅力。可是，現在一種疾病橫掃了所有的榆樹，很多專家都認為這種疾病過於嚴重，榆樹已經無藥可救了。失去榆樹已經足以令人心痛，如果拯救行動也功虧一簣，而把大部分鳥類扔進覆滅的黑夜之中的話，後果會更加悲慘。然而，這就是正在發生的事情。

所謂的荷蘭榆樹病是在大約一九三〇年的時候，隨著飾板業進口榆樹段而進入美國的。這是一種真菌疾病，這種微生物會侵入榆樹的輸水導管中，孢子則藉著樹液流動而擴散，它們會通過分泌有毒物質形成阻塞作用，使樹枝枯萎，榆樹死亡。這種疾病通過榆樹皮甲蟲從病樹擴散到健康的樹。甲蟲會在死去的榆樹皮下開鑿通道，而通道裡擠滿真菌孢子，孢子會附在甲蟲身上，甲蟲飛到哪兒，就把疾病帶到哪兒。控制這種疾病的主要方法一直是控制傳播媒介——甲蟲。於是在很多地方，尤其是中西部和新英格蘭地區這些榆樹集中的地方，人們開展了大規模的長期噴藥行動。

兩位鳥類學家首次揭示了這種噴藥行動對鳥類，尤其是對知更鳥的影響。他們分別是密西根州立大學喬治．華萊士教授和他的學生約翰．麥納（John Mehner）。一九五四年，麥納先生開始攻讀博士學位，他選擇了與知更鳥相關的研究課題。這也許是個巧合，因為那時候沒有人認為知更鳥正面臨危險。但是，就在他開始工作的時候，事情發生了。這件事改變了他課題的性質，並剝奪了他的研究對象。

一九五四年，針對荷蘭榆樹病的噴藥行動僅在大學校園內小範圍地進行。到了第二年，東蘭辛市（這所大學的所在地）加入了行動，校園噴藥範圍開始擴展。由於當地針對舞毒蛾和蚊子的防治計畫也在進行，於是化學藥劑從煙霧濛濛演變成了傾盆大雨。

一九五四年蜻蜓點水的噴藥後，一切正常。第二年春天，知更鳥像往常一樣飛回了校園。像湯姆林森（Tomlinson）著名散文《失去的森林》（*The Lost Wood*）裡的風信子一樣，回到自己熟悉的地方時，牠們「沒有預感到會發生不幸」。但是，很快問題就出現了。

校園裡的知更鳥不是已經死亡，就是奄奄一息。在牠們以前覓食和棲息的地方，見不到一隻鳥。沒有新建的鳥巢，也沒有小鳥出生。接下來的幾個春天情況還是一樣。噴藥的地方已經變成了死亡陷阱，每一波遷徙至此的知更鳥在一週內就會被趕盡殺絕。還會有鳥兒來到這裡，但都會在這裡痛苦地顫抖著慢慢死去。

華萊士教授說：「對於想在春天築巢的那些鳥兒來說，校園已經變成了牠們的墓地。」但是，為什麼會這樣呢？起初，他懷疑是鳥兒的神經系統出了毛病，但是真相很快就水落石出了，知更鳥是因為殺蟲劑中毒而死的，而不是像噴藥人保證的那樣「對鳥類無害」。牠們的典型症狀就是：失去平衡、顫抖、抽搐，最終死亡。

一些事實表明知更鳥中毒不是因為與殺蟲劑直接接觸，而是因為吃了蚯蚓。在一項研究中，一些螻蛄偶然吃了蚯蚓，所有的螻蛄立刻死了。實驗室的一條蛇吃了蚯蚓後，立刻劇烈顫抖起來，而蚯蚓是知更鳥春天的主要食物。

很快，位於伊利諾州厄巴納市的自然歷史調查所的羅伊．巴克博士（Roy Barker）就補全了知更鳥死亡迷局的一塊關鍵拼圖。巴克博士的著作於一九五八年出版，該書找到了錯綜複雜關係的關鍵線索——知更鳥的命運和蚯蚓與榆樹聯繫起來了。榆樹在春天被噴撒了農藥（通常劑量是約每15公尺的樹使用1到2公斤的DDT，相當於在榆樹密集的地方每英畝施用10公斤），在七月分，通常會以一半的劑量再噴一次。強力噴槍給所有的高大樹木均勻地噴上了農藥，不僅殺死了預定目標——小蠹蟲，還殺死了其他昆蟲，包括傳粉昆蟲、捕食的蜘蛛和甲蟲。毒素緊緊黏在葉子和樹皮上，雨水也沖刷不掉。秋天，樹葉落在地上，積成濕濕的幾層，並開始與土壤慢慢結合。在整個過程中，勤勞的蚯蚓幫了大忙，牠們以殘葉為食，而榆樹葉是牠們最喜愛的食物之一。蚯蚓在吃樹葉的同時，也吃下了殺蟲劑，並在體內不斷累積、濃縮。巴克博士在蚯蚓的消化道、血管、神經和體壁中都發現了ＤＤＴ含量。毫無疑問，一些蚯蚓中毒而死，但是倖存的就變成了毒素的「生物放大器」。春天，知更鳥飛回來之後，整個循環中又增加了一環。只需11隻較大的蚯蚓就含有足以毒死一隻知更鳥的ＤＤＴ。一隻鳥在十幾分鐘之內就可以吃掉10到12條蚯蚓，可見11條蚯蚓只是知更鳥在一天中的一小部分糧食。

並不是所有的知更鳥都攝入了致命的劑量，但是另一種破壞作用一樣會導致牠們的滅絕。不孕的陰影籠罩了所有被研究的鳥類，在藥劑所及範圍之內，所有生物都無法逃脫。在密西根大學74萬平方公尺的土地上，如今每年春天只有20到30隻知更鳥，而在噴藥之前，保守估計也有３７０隻左右。一九五四年，麥納觀察到的知更鳥都會產下鳥蛋。到了一九五七年六月末，校園裡應該至少有３７０隻幼鳥在覓食（與成鳥的數量相對應），然而麥納只發現了一隻。一年後，華萊士教授提到：「一九五八年的春天和夏天，在校園裡我沒看見任何一隻幼鳥，而且截至目前，也沒有聽說別人發現過。」

當然，幼鳥未能出生的部分原因是，在築巢完成之前，一對或者更多的知更鳥就已經死了。但是華萊士發現了一個更為凶險的事實——鳥兒的繁殖能力遭到破壞。例如，他記錄的「知更鳥和其他鳥類都築了巢卻沒有下蛋，而那些下了蛋的鳥卻孵不出小鳥。我們觀察了一隻知更鳥，牠忠實地孵了21天，但卻沒有孵出幼鳥，而正常的孵化時間是13天。分析的結果顯示，繁殖期的鳥兒睪丸和卵巢裡有大量的DDT」，他在一九六〇年的國會委員會上說：「10隻雄鳥睪丸的DDT含量爲30到109ppm，2隻雌鳥卵巢中卵泡的DDT含量爲151到211ppm。」

很快，其他地區的研究也得出了令人沮喪的結果。威斯康辛大學的約瑟夫·希基教授（Joseph Hickey）和他的學生把噴藥地區和未處理地區做了對比研究，發現知更鳥的死亡率至少為86到88%。位於密西根州的克蘭布魯克研究院，試圖評估給榆樹噴藥所造成的鳥類傷亡程度，於是在一九五六年，研究人員要求所有疑似DDT中毒的鳥類都要送到該院做檢查。對此，人們的回應出乎意料。在接下來的幾個星期之內，該院常年閒置的機器一直在超負荷運轉，只好拒絕了其他鳥類的檢測。到了一九五九年，僅在這一個社區就有1千隻中毒的鳥兒送來檢查或報告給該院。雖然知更鳥是主要的受害者（一名婦女給該院打電話說她家的草坪上死了12隻知更鳥），但送到該院檢查的鳥類總共有63種。

所以知更鳥只是榆樹防治造成毀壞的其中一環，而榆樹噴藥只是全國進行的各種防治計畫中的一個。已經有90種鳥類出現了大量死亡，其中包括郊區居民和業餘的自然學家最熟悉的種類。在一些噴過藥的城鎮，築巢的鳥類數量減少了90％。正如我們看到的那樣，無論是地上覓食、樹上啄食，還是樹皮上捕獵的和食肉的鳥類等，所有種類的鳥都受到了影響。

可以推測，以蚯蚓或其他土壤生物為主食的所有鳥類和哺乳動物都將面臨知更鳥的命運。約有45種鳥類的食物中包含蚯蚓。其中一種鳥是丘鷸，牠們一般在南方過冬，而那裡近來已經噴撒了大量七氯。如今，關於丘鷸有了兩個重要發現。新布藍茲維省的繁殖地出生的幼鳥數量急劇減少，而且成鳥體內含有大量的DDT和七氯殘留。

令人不安的是，已經有證據表明，有20多種在地面覓食的鳥類大量死亡，牠們的食物——蠕蟲、螞蟻、蛆或其他土壤生物都是有毒的，包括3種歌喉優美的畫眉，牠們分別是黃腹花蜜鳥、啄木鳥和霸鶲。還有那些掠過灌叢，沙沙地在落葉中覓食的雀類——歌帶鵐和白胸翡翠，也成了噴藥的受害者。

哺乳動物也很容易直接或間接地捲入這個體系。蚯蚓是浣熊的主要食物，負鼠在春天和秋天的時候也會吃蚯蚓。像地鼠和鼴鼠也會大量捕食蚯蚓，這樣就可能把毒素傳播給鳴角鴞和倉鴞這類猛禽。

春天一場暴雨過後，威斯康辛州出現了幾只死去的長耳鴞，牠們可能吃了中毒的蚯蚓。老鷹和貓頭鷹都被觀察到出現抽搐，包含大鵰鴞、鳴角鴞、赤肩鵟和北雀鷹、北方澤鵟等。這些可能就是二次中毒的案例，牠們可能吃了其他鳥類或者老鼠，而被捕食的動物肝臟或別的器官中積累了大量的殺蟲劑。

因榆樹噴藥而面臨危險的不僅僅是在地面覓食的動物或其獵食者。在樹葉上找昆蟲吃的鳥兒也消失了，包括森林精靈——紅冠戴菊和金冠戴菊、很小的蚋鶯以及成群飛舞、五顏六色的林鶯等。一九五六年春末，一大群林鶯正好碰上一次延遲的噴藥。幾乎所有飛到這裡的林鶯種類都出現了死亡。在威斯康辛的白魚灣，過去幾年中，總能看到至少1千隻黃腰白喉林鶯。一九五八年噴藥後，人們只發現了2隻。如果再加上其他地區的死亡案例，數目非常驚人。被殺死的林鶯包括那些最漂亮、最受人喜愛的種類：黑白林鶯、黃林鶯、紋胸林鶯和栗頰林鶯；放歌五月的橙頂灶鶯；雙翅如火的橙胸林鶯；栗肋林鶯、加拿大林鶯以及黑喉綠鶯等。牠們要麼吃了有毒的昆蟲而直接受害，要麼受到食物短缺的間接影響。

食物的短缺同樣也打擊了在空中飛翔的燕子，牠們努力在空中覓食就如同飢餓的青魚尋找浮游生物一樣。威斯康辛州的一位自然學家報告說：「燕子受到重創。人們都在抱怨，燕子比四、五年前少了很多。四年前，我們頭頂上方全是飛翔的燕子，如今很難見到了……這可能是噴藥導致昆蟲減少引起的，也可能是燕子吃了有毒的昆蟲而死亡。」

關於其他鳥類，有位觀察者寫道：「另一個損失慘重的是鶲。捕蠅鳥到處都很稀少，但是曾經很常見的鶲也見不到了。今年春天我只見到1隻，去年春天也是。威斯康辛州的其他獵人也在抱怨。過去我餵過5、6對紅雀，現在都不見了。鷦鷯、知更鳥、灰貓嘲鶇和鳴角鴞每年都會來到我的花園築巢，現在都消失了。夏天的清晨再也聽不到鳥兒的歌聲。只剩下鴿子、椋鳥和英格蘭麻雀等。這場災難讓我無法承受。」

秋天，在榆樹休眠期噴藥後，毒素進入了樹皮的每一個縫隙，這可能是山雀、鳾、花雀、啄木鳥以及褐短嘴旋木雀這些鳥類急劇減少的原因。一九五七年到一九五八年冬天，華萊士教授多年來第一次發現他家的餵鳥處沒有山雀和鳾的身影。之後，他發現的3隻鳾遺憾地呈現出了因果進程：其中一隻正在榆樹上啄食，另一隻垂死的表現出典型的DDT中毒症狀，第三隻已經死去了。後來，在第二隻鳾的體內組織裡發現了226ppm的DDT殘留。

這些鳥類的捕食習性，不僅使牠們特別容易受到殺蟲劑的影響，而且牠們的消失對於無論在經濟還是其他方面來說，都令人遺憾。例如，白胸鳾和褐短嘴旋木雀夏天主要以對樹木有害的各種昆蟲卵、幼蟲和成蟲等為食。山雀食物來源有四分之三是生物，包括處於各個生長階段的昆蟲。在亞瑟．克里夫蘭．本特（Arthur Cleveland Bent）不朽的名著《生命歷史》（*Life Histories of North American Birds*）中有關於山雀覓食的描述：「每當鳥群飛過的時候，每隻鳥都在樹皮、細枝和樹幹上仔細搜尋著瑣碎的食物（蜘蛛卵、繭或其他休眠昆蟲）。」

各種科學研究已經證明在不同情況下鳥類控制昆蟲的關鍵作用。啄木鳥在控制恩氏雲杉小蠹方面作用突出，牠們可以使其數量減少約45到98%，並對蘋果園裡蘋果蠹蛾的抑制效果也很好。另外，山雀和其他冬季鳥類可以保護果園免受尺蠖的侵擾。

但是，自然界中發生的事情卻不能在現代的化學世界中重演。噴撒的藥劑不僅殺死了昆蟲，還殺死了牠們的主要敵人——鳥類。等昆蟲捲土重來的時候，再也沒有鳥兒能控制牠們。密爾瓦基公共博物館鳥類館長歐文．格羅梅（Owen J. Gromme）曾投稿《密爾瓦基日報》並寫道：「昆蟲最大的天敵就是捕食性昆蟲、鳥類以及一些小型哺乳動物，DDT的殘暴肆虐也殺害了自然界中的保衛和警察……在進步的名義下，我們是否應該爲了一時之快，而爲殘忍的滅蟲大戰承擔後果，直到最後才發現自己機關算盡而一敗塗地？在榆樹消失、自然保衛隊（鳥類）中毒而死之後，新生的害蟲如果再來攻擊其他種類的樹木的話，我們應該如何應對呢？」

格羅梅先生說，自從威斯康辛州開始噴藥之後，有關鳥類傷亡的電話和信件就不斷增加。這些質問表明，在噴過藥的地方鳥兒開始不斷死亡。

中西部大部分研究中心的鳥類學家和生態保護人士的觀點與格羅梅先生保持一致，這些機構包括：密西根州的克蘭布魯克研究院、伊利諾自然歷史調查所和威斯康辛大學等。在任何一個藥物噴撒地區，當地報紙的《讀者來信》欄目都表明人們已經覺醒並感到憤怒，而且他們比那些下令噴藥的官員對於這些危害和引發的失調有著更深刻的理解。密爾瓦基的一名女士寫道：「這是一件可憐又讓人心碎的事情……這場屠殺根本達不到預定的目的，一想到這兒，既令人沮喪，又讓人感到憤怒……從長遠看，如果不管鳥兒，能救得了樹嗎？在自然環境中，牠們難道不是互相依存嗎？能不能保護自然平衡，不去破壞它呢？」

其他人的信中也提到，雖然榆樹是雄偉的遮陰大樹，但牠們並非比其他生物更「神聖不可侵犯」（sacred cows），沒有必要為了榆樹給其他生物來一次「開放式的」大屠殺。威斯康辛的另一名婦女寫道：「我一直都很喜歡榆樹，牠們如同我們的地理標誌。但是，樹的種類成千上萬……我們還必須保護鳥類。誰能想像如果春天沒有知更鳥的歌唱，這個世界是多麼乏味、多麼枯燥啊！」

對於公眾而言，很容易形成非此即彼的簡單選擇：要鳥還是要樹？但是，事情不會如此簡單。正如化學防治體現出來的諷刺一樣，如果我們沿著以前的老路走下去，或許最後我們將兩者盡失。噴藥行動殺死了鳥兒，卻沒能保護榆樹。只要噴藥就能挽救榆樹的幻想把一個又一個城鎮拖入了巨額花費的沼澤，產生的效果卻只是曇花一現。康乃狄克州格林尼治市噴藥計畫持續了十年。但是，乾旱的一年給小蠹創造了非常適宜的環境，榆樹的死亡率飆升了10倍。伊利諾州厄巴納市，即伊利諾大學的所在地，一九五一年這裡首次發現荷蘭榆樹病。在一九五三年開始了噴藥防治。到了一九五九年，儘管噴藥持續了六年的時間，大學校園內還是損失了86%的榆樹，其中一半是由荷蘭榆樹病造成的。

在俄亥俄州托雷多市，一個相似的經歷促使林業主管約瑟夫．斯維尼（Joseph A. Sweeney）用更加現實的眼光看待噴藥的後果。噴藥計畫開始於一九五三年，到了一九五九年仍在持續。此時，斯維尼先生發現，執行完「書本和權威機構」建議的噴藥計畫後，吹綿介殼蟲的侵入反而更加嚴重了。於是他決定自己研究榆樹噴藥的後果。結果令他大吃一驚。他發現在托雷多市，「唯一得到控制的地區是把染病或有蟲害的樹移除的地方。噴藥的區域反而失去了控制。在沒有採取任何措施的農村，疾病傳播的速度卻不如噴藥的城裡那麼快。這說明藥劑殺死了害蟲的所有天敵。我們必須放棄藥物防治計畫。雖然這樣的看法使我與那些支持美國農業部建議的人產生衝突，但是我掌握了眞理，因此會堅持下去的」。

在中西部城鎮，榆樹病是最近才開始傳播的，為什麼要堅持採納昂貴的噴藥計畫，而不去借鑒其他地方多年的治理經驗，實在讓人費解。紐約州在防治榆樹病方面歷史悠久、經驗豐富，因為在一九三〇年，染病的榆木正是由紐約港進入美國的。如今，紐約州在防治榆樹病方面成績顯著。但是，他們不是依賴藥物。實際上，紐約州農業推廣局未曾建議噴藥的方法。

那麼，紐約是如何做到這一成就的呢？從對付榆樹病的第一天起到現在，紐約就一直實行嚴格的措施，即立刻移除並處理掉所有生病或感染的樹木。起初，結果令人失望，因為剛開始人們並不知道要將生病的榆樹和可能有小蠹繁殖的樹木一起銷毀。感染的榆樹被砍倒後，儲存起來作為柴火，但是如果不在春天之前燒完，就會產生許多帶細菌的小蠹。每年四、五月分，成蟲便從冬眠中醒來，出來覓食，榆樹病因而開始傳播。紐約的昆蟲學家根據經驗，找出了哪些樹木有甲蟲繁殖並易於傳播這種疾病。他們集中處理了這些樹木，不僅產生了良好的防治效果，還使防治的成本降到了合理區間。到一九五〇年，紐約市有55萬棵榆樹的感染率降到了1％。

在一九四二年，西徹斯特郡開展了一項防治計畫。之後的十四年中，每年榆樹的損失率僅為1％。擁有18萬5千棵榆樹的水牛城，透過防治計畫實現了很好的控制效果，年均損失率也只有1％。換言之，按照這種速度，需要三百年的時間才能毀滅水牛城的所有榆樹。

雪城的情況尤其令人矚目。在一九五七年之前，這裡並沒有採取任何有效措施。從一九五一年到一九五六年，雪城一共損失了3千棵榆樹。後來，在紐約州立大學林業學院霍華德．米勒（Howard C. Miller）的指揮下，大力清除了所有患病和可能攜帶小蠹病源的榆樹。如今，這裡的榆樹損失率已經降到了1％以下。

紐約的專家強調了防衛計畫節約成本的優點。紐約農學院的J．G．馬蒂斯（J. G. Matthysse）說：「在大部分情況下，實際成本比預想的要小。如果樹枝已經死亡或者折斷了，爲了防止造成財產損失或者人員受傷，必須移除這段樹枝。如果是一堆柴火，可以在春天之前把牠們燒掉，可以將樹皮去掉，或者把榆木存放在乾燥的地方。如果是將死或者死了的榆樹，爲了防止榆樹病傳播，則要立刻清除，成本並不比之後的處理成本高，因爲城區的大部分死樹終歸要清除掉。」

可見，只要採取明智可靠的措施，我們對榆樹病也並非完全無計可施。眾所周知，榆樹病現在仍然無法根除，但是如果某一地區爆發疾病，完全可以透過預防措施把它控制在理想範圍之內，這種方法不僅有效，而且不會對鳥類造成傷害。森林遺傳學為此提供了其他可能性，有望在實驗研發出對這種病具有免疫力的雜交榆樹。歐洲榆樹就具有這種免疫性，而且在華盛頓地區已經種植了很多。即使在本地榆樹發病率極高的時候，歐洲榆樹仍然安然無恙。

那些失去了大量榆樹的地方急需加速育苗和造林計畫。這一點很重要，雖然這些計畫包括抗病的歐洲榆樹，但也要考慮種植多種樹木，這樣的話，就可以避免將來的傳染病會毀掉一個地區的所有樹木。英國生態學家查爾斯．埃爾頓道出了健康動植物群落的關鍵——「保持生物多樣性」。現在的狀況大都是生物單一化的結果。但是在二、三十年前沒人知道，在一大片地方種植單一的植物會招致災難，所以人們才會讓榆樹來守護大街、點綴公園。如今，榆樹都死了，鳥兒也沒了……

與知更鳥類似，美國的另一種鳥兒也瀕臨滅絕，就是美國的象徵——鷹。在過去的十年裡，鷹的數量減少之快，令人憂心忡忡。事實表明，鷹的生存環境一定發生了某種變化，並完全破壞了牠們的繁殖能力。到底是什麼原因，目前尚不得知，但是有證據表明殺蟲劑難辭其咎。

沿著佛羅里達西海岸，從坦帕到邁爾斯堡築巢的鷹是這種鳥類中被研究最頻繁的。溫尼辟的退休銀行家查爾斯．布羅利（Charles Broley）在一九三九年到一九四九年間，給1千多隻禿鷹幼鳥做過標記而在鳥類學界聲名大噪（在此之前，歷史上只有166

隻鷹綁了鳥足帶）。在幼鳥離巢之前的冬季，布羅利為牠們綁上足帶。後來的統計顯示，這些佛羅里達鷹會沿著海岸飛至加拿大境內，最遠可飛至愛德華王子島。在這之前，人們一直認為這些鷹是留鳥。秋天的時候，牠們又飛回南方。人們可以在賓夕法尼亞東部的鷹山這樣有利位置觀察到牠們的遷徙。

在做標記的前幾年，布羅利先生在他工作的海岸段，每年都能發現125個有幼鳥的巢。每年綁足帶的幼鳥大約有150隻。一九四七年，出生的幼鳥開始減少。一些巢裡根本沒有鳥蛋；另外一些雖然有鳥蛋，但是都不能孵化。從一九五二年到一九五七年，大約有80%的巢沒有幼鳥出生。在最後一年裡，只有43個巢裡有鳥兒棲息。只有7個巢有幼鳥出生（共8隻）；23個鳥巢中有蛋，卻沒有孵化；13個巢穴被當成了哺育室，但根本就沒有蛋。一九八五年，布羅利先生跋涉了160公里，才最終找到了一隻小鷹做標記。一九五七年還有43個鳥巢中住著成鷹，到現在只剩下10個鳥巢有成鷹了。

這一系列的持續觀察彌足珍貴，卻在一九五九年隨著布羅利先生的去世而宣告結束，但是奧特朋協會——紐澤西再加上賓夕法尼亞的報告證實了我們的確應該重新尋找新的國家象徵了。鷹山保護區負責人莫里斯·布朗（Maurice Broun）的報告尤其值得關注。鷹山是賓夕法尼亞東南部一座風景如畫的山峰，在那裡，阿帕拉契山脈最東端的山脊形成了阻擋西風吹向沿海平原的最後一道屏障。西風遇到山脈的阻擋向上吹去，形成了穩定的氣流，在秋季長著寬大翅膀的鷹可以乘著氣流，在一天之內輕鬆穿越很長的路程。山脊在鷹山匯聚，候鳥的飛行路線也在此交匯。鳥兒從北方廣闊的領域一路飛來，一定會路過這個咽喉要道。

莫里斯．布朗在自然保護區當了二十多年管理員，他觀察記錄過的鷹比任何美國人都要多。鷹群遷徙的高峰在八月底和九月初。這些應該是出生在佛羅里達的鷹，牠們在北方待了一個夏季後飛回家鄉（在秋天和冬季初期，一些體型更大的鷹會路過這裡。牠們可能是北方的一種鷹，飛往某個未知的地方過冬）。保護區建立初期，從一九三五年到一九三九年，觀察到40%的鷹是1歲大的，從牠們深色的羽毛就很容易看出來。但是近年來，這些幼鷹已經很少了。從一九五五年到一九五九年，牠們只占到總數的20%；而在一九五七年，每32隻成鷹中只有1隻幼鷹。

鷹山觀測到的結果與其他地方的發現一致。其中一份相似的報告出自伊利諾自然資源委員會的官員埃爾頓．福克斯（Elton Fawks）。北方的鷹可能就在密西西比河和伊利諾河沿岸過冬。福克斯先生在一九五八年的報告中說，近來發現的59隻鷹中只有1隻幼鷹。世界上唯一的鷹自然保護區——薩斯奎哈納河上的蒙特約翰遜島也出現了類似的現象。這個小島在康諾文格大壩上游12公里，距離蘭開斯特郡河岸也只有804

公尺，但仍保持著原始風貌。從一九三四年起，蘭開斯特郡的鳥類學家兼保護區負責人赫伯特．貝克（Herbert H. Beck）先生開始觀察這裡的一個鳥巢。從一九三五年到一九四七年，每年這個鳥巢都有鷹居住，並成功地孵出了幼鷹。從一九四七年起，儘管有老鷹居住，也下了蛋，但是並沒有孵出小鷹。

蒙特約翰遜島和佛羅里達州的情況一樣：有些老鷹蹲在巢裡，其中一些下了蛋，但是幾乎沒有小鷹孵出來。對於這種情況，似乎只有一種解釋。某種環境因素導致鷹的繁殖能力下降，現在幾乎沒有幼鷹出生來延續這個物種了。

實驗人員證實了這種情況正是人為造成的。其中比較著名的人物是美國魚類及野生動植物管理局的詹姆斯．德威特博士（James DeWitt）。德威特博士針對鵪鶉和雉雞做了很多經典實驗來研究各種殺蟲劑對牠們的影響。結果證明，接觸DDT或相關化學藥劑之後，雖然對成鳥不會造成明顯的傷害，但可能會嚴重影響牠們的繁殖能力。表現形式可能不盡相同，但是結果是一樣的。例如，鵪鶉在繁殖季節如果吃的食物中含有DDT，牠仍能存活下來，甚至下的蛋也正常，而且數量也不少。但是孵出來的小鳥卻很少。「許多胚胎在發育早期都很正常，但到了破殼的時候會死去」，德威特博士說到。即使那些孵出的幼鳥，其中一多半會在五天內死去。在其他針對鵪鶉和雉雞的實驗中，如果成鳥在一整年內吃的食物都含有殺蟲劑的話，牠們無論如何也下不了蛋。加利福尼亞大學的羅伯特．拉德博士（Robert Rudd）與查理德．吉納利博士（Richard Genelly）得出了相似的結果。如果雉雞的食物中含有狄氏劑，「產蛋會明顯減少，幼鳥成活率也很低」。據這些科學家講，狄氏劑儲存在蛋黃中，在孵化和發育的時候被幼鳥逐漸吸收，對幼鳥造成致命傷害。

最近，華萊士教授和一名研究生理查德．伯納德（Richard F. Bernard）的實驗強有力地證實了這種觀點。他們研究發現，密西根大學裡的知更鳥體內含有大量的ＤＤＴ。雄鳥的睪丸、發育的卵泡、雌鳥的卵巢、鳥兒體內成型的蛋、輸卵管、廢巢未孵化的蛋中、鳥蛋的胚胎裡和剛孵出來就死去的幼鳥體內，都發現了ＤＤＴ。

這些重要的研究證實，一旦接觸殺蟲劑，就會對其後代產生影響。毒素貯存在鳥蛋中，在滋養胚胎的蛋黃中，就像死刑執行令一樣。這就解釋了為什麼德威特博士實驗中的幼鳥會死在蛋殼裡，或僅在破殼幾天後就死去。

在實驗室中研究鷹不切實際，但是野外研究已在佛羅里達、紐澤西以及其他地方開展，希望找到成鷹不育的可靠證據。與此同時，一些間接證據把不育的矛頭指向了殺蟲劑。在一些盛產魚類的地方，魚是鷹的主要食物（在阿拉斯加大約占25%，而在乞沙比克灣約占52%）。毫無疑問，布羅利先生研究的鷹主要以魚為食。從一九四五年起，海岸地區就遭到了ＤＤＴ反覆噴撒。空中噴藥的主要目標是鹽沼蚊。這種蚊子主要生活在沼澤和海岸地區，這裡正是鷹覓食的區域。大量的魚類和螃蟹被殺死。實驗分析顯示，牠們體內的DDT濃度很高，大約是46 ppm。鷹的狀況與鶚鷹一樣，牠們因為吃了清湖中的魚，體內積蓄了大量的DDT。雉雞、鵪鶉以及知更鳥的問題與鶚鷹一樣，牠們的繁殖能力逐漸下降，其種群難以為繼。

當今，世界各地都發出了鳥類面臨危險的共鳴。各地報告的細節雖然不同，但主題卻只有一個，那就是殺蟲劑的使用造成了野生動物的死亡。在法國，葡萄園噴了含砷除草劑後，成百上千的小鳥和山鶉死了。這種鳥在比利時曾盛極一時，但噴過藥後，幾乎滅絕了。

英國的問題十分特殊，與播種前用殺蟲劑處理種子的做法有關。處理種子並不是新鮮事，但是早期使用的化學品主要是殺菌劑。對鳥類沒有造成明顯的影響。到了一九五六年，處理方法升級為雙重功效，除了殺菌劑外，人們還會加上狄氏劑、阿特靈或七氯來對付土壤中的昆蟲。這樣，情況就變得更糟了。

一九六〇年春天，關於鳥類死亡的各種報告像洪水一樣湧進了英國野生動物管理機構，包括英國鳥類托管協會、皇家鳥類保護協會以及獵鳥協會。諾福克的一位農場主人寫道：「這地方就像一個戰場，我的管家發現了大量的小鳥屍體：燕雀、金翅雀、赤胸朱頂雀、林岩鷚、家麻雀……野生動物毀滅讓人悲痛。」一位獵場看守人寫道：

「我的山鶉全被處理過的玉米毒死了，還有一些雉雞和其他鳥兒，好幾百隻鳥都死了……對我這樣的看守人來說是一件痛苦的事情。看到一對對山鶉死去，心裡難受極了。」

英國鳥類托管協會與皇家鳥類保護協會聯合發布了一個報告，描述了67隻死亡的鳥兒，實際上，一九六〇年春天死亡的鳥兒遠不止這個數字。其中，59隻被拌衣劑種子毒死，8隻死於藥物噴劑。第二年新一輪中毒事件來襲。下議院接到報告，僅諾福克的一家莊園裡就有6百隻鳥死亡，北艾塞克斯的一個農場裡有1百隻雉雞死去。不久，受影響的郡縣就明顯超過了一九六〇年（第一年23個郡，隔年有34個郡）。以農業為主的林肯郡損失最慘重，大約有1萬隻鳥兒死亡。從北部的安格斯到南部的康瓦爾，從西部的安哥拉斯到東部的諾福克，死亡陰影蔓延到了英格蘭的所有農場。

到了一九六一年，對於這個問題的擔憂達到了峰值。下議院成立了特別委員會對事件進行了調查，從農民、農場主、農業部代表以及各關心野生動物的政府和民間組織取證。一位目擊者稱：「鴿子會從空中突然掉下來摔死。」另一個人說：「你在倫敦城外開車走160到320公里也見不到一隻紅隼。」自然保護局的官員作證說：「在本世紀或就我所知的任何時期而言，現在對野生動物或狩獵來說是最危急的時刻。」

對受害者進行化學分析的設備明顯不足，而且整個國家只有2名化學家能夠檢測（一名在政府任職，另一名在皇家鳥類保護協會工作）。目擊者稱焚燒鳥兒屍體時，燃起了熊熊大火。但是，在人們努力之下還是找到了屍體拿來檢測，結果發現，所有的鳥兒體內都含有殺蟲劑，只有一隻例外。這隻例外的鳥是彩鷸，因為牠們不吃種子。

除了鳥兒外，狐狸也可能吃了中毒的老鼠或鳥間接受到影響。英國的兔子泛濫成災，所以急需狐狸來捕食。但是從一九五九年十一月到一九六〇年四月，至少有1千3百隻狐狸死亡。在雀鷹、紅隼以及其他猛禽幾乎消失的地方，狐狸的死亡最嚴重，說明毒素是從食草動物到肉食動物這樣的食物鏈傳播的。即將死亡的狐狸與其他氯代烷中毒的動物一樣，不停轉圈，頭暈目眩最後抽搐而死。

聽證會使委員會確信，對野生動物的威脅已經「極其嚴重」。委員會向下議院提出建議：「農業部長和蘇格蘭國務卿應立即下令禁止使用狄氏劑、阿特靈、七氯或毒性相當的化學藥劑處理種子。」委員會還建議，應適當加強控制，以保證化學品在進入市場前接受嚴格的實地和實驗室檢測。值得強調的是，關於地區殺蟲劑的研究一片空白。製作商做的實驗都是常規動物（老鼠、狗、豚鼠等），並不包括野生動物、鳥類和魚類，且都是在人為控制下進行。所以，他們的研究結果並不適用於野生動物。

英國絕不是唯一面臨這個問題的國家。在美國，加利福尼亞和南部的大米產區一直受到此類問題的嚴重困擾。多年來，加州水稻一直用DDT處理種子，以防止鱟蟲和蚜蟲的危害。由於稻田裡水鳥和雉雞眾多，加州的獵手以前總是收穫頗豐。但在過去十年裡，產稻地區一直傳出鳥類死亡的消息，尤其是雉雞、鴨子和烏鶇。「雉雞病」變成了熟悉的現象：鳥兒到處找水喝，渾身麻痹，倒在水溝旁和稻田裡不停顫抖。這種病會在春天發作，恰恰是稻田播種的時間，這時DDT的濃度是成年雉雞致死量的很多倍。

隨著時間的推移，人們又研製出了毒性更強的殺蟲劑，披衣種子造成的危害不斷增加。如今，阿特靈廣泛應用於種子披衣，對野雞來說，它的毒性是DDT的1百倍。在德克薩斯東部的稻田裡，這種做法已經嚴重影響了紅嘴樹鴨的數量。這種鴨子呈黃褐色，長得像鵝，生活在墨西哥灣沿岸。確實有理由相信，水稻種植戶使用雙重功效的殺蟲劑，造成了烏鶇的數量下降，也給稻田裡其他幾種的鳥類帶來了災難。

隨著殺戮習慣的養成——鏟除給我們帶來煩惱或不便的生物——鳥類越來越多地成為毒藥的直接目標，而不是出於意外。從空中噴撒巴拉松這類毒藥來「控制」農民討厭的鳥類越來越普遍。魚類與野生動物管理局認為有必要對這種趨勢表示嚴重關切，他們指出：「噴撒巴拉松的區域對人類、家畜和野生動物都具有潛在的危害。」例如，在印第安納州南部，一群農民在一九五九年夏天僱了一架飛機，在河邊一片低地噴撒巴拉松。而這片灘地一直是烏鶇喜愛的棲息地。本來換一種苞長穗深的玉米就可以輕鬆解決，但是農民還是聽信了使用毒藥的好處，於是他們僱用了飛機來為牠們送葬。

結果可能令農民非常滿意，因為死亡名單上約有6萬5千隻紅翅黑鸝和椋鳥。其他未被發現、沒有記錄的野生動物死亡數量不得而知。巴拉松不僅對紅翅黑鸝有效，更是種廣譜毒藥。然而，那些在灘地閒逛的兔子、浣熊或負鼠，牠們可能從未造訪過玉米地，也被冷漠的人們判了死刑。

人類的情況又是怎樣呢？在加利福尼亞一個月前噴撒過巴拉松的果園裡，工人接觸了噴過藥的葉子後，會病倒甚至休克，經過了醫術精湛的高效救治才死裡逃生。印第安納州的小男孩是否還喜歡去叢林和田野裡遊玩，或者到河邊去探險？如果是這樣的話，誰來阻止那些探尋原始自然的人進來呢？誰能一直保持警惕，告訴那些無辜的遊人，這裡所有的植物都包裹了一層致命毒藥，因而十分危險呢？儘管面臨如此巨大的危險，卻沒有人去阻止農民對烏鶇發動不必要的戰爭。

在每一次事件中，人們都迴避了一個問題：是誰做的決定引起了一連串的中毒事件，就像把一枚卵石砸進安靜的池塘一樣，讓這輪死亡之波不斷擴散呢？是誰在天秤的一端放滿了蠹蟲的食物——樹葉，而在另一端堆滿斑斕的羽毛——來自中毒而死的鳥屍？又是誰未與公眾協商就得出結論：沒有昆蟲的世界才是最好的，即使世界因失去鳥兒飛翔的英姿而變得黯然失色也在所不惜呢？這是一個獨裁者的決定。這個決定占了千百萬會在意自然的人的便宜，美麗有序的自然環境具有深邃而必要的價值。

第9章
死亡之河

Rivers of Death

在大西洋綠色海水的深處，有許多伸向岸邊的幽暗路徑。魚群會沿著這些路徑巡遊；雖然這些小路看不見、摸不著，但是它們確實與入海的河水相連。幾千年來，鮭魚就沿著這樣的淡水路徑洄游，回到剛出生頭幾個月或幾年待過的支流。一九五三年夏秋兩季，新布藍茲維省海岸米拉米奇河的鮭魚從覓食的大西洋回到出生地。河流的上游綠樹掩映、溪流匯集，清爽的小溪輕輕流淌。秋天，鮭魚就把卵產在河床的碎石上。在這個地區，雲杉、香脂樹、鐵杉和松樹構成了巨大的針葉林區，為鮭魚產卵提供了適宜的環境。

這種洄游模式由來已久、年年如此，使得米拉米奇河成為北美地區最負盛名的鮭魚產地。但就在那一年，這種模式遭到了破壞。

秋冬季節，個大殼厚的鮭魚卵靜靜躺在母魚挖好的河底淺槽中。在寒冷的冬天，魚卵發育得很慢，等到了春天，林中溪水融化之後，幼魚才會孵化出來。起初，牠們只有1.2公分長，藏在河底的礫石中間，不吃也不喝，靠著大卵黃囊生存。直到卵黃囊被全部吸收，牠們才開始在溪流中覓食。

一九五四年春天，米拉米奇河裡有無數剛剛孵化的幼魚，還有身上長著炫目條紋和紅色斑點的鮭魚，這些是一、兩年前孵化的。這些小魚在小溪裡貪婪地搜尋著各種稀奇古怪的昆蟲。

隨著夏天來臨，一切都在改變。那年，在米拉米奇西北部流域進行了一次大規模的噴藥行動。前一年，加拿大政府為了治理雲杉小卷蛾而開展了這項計畫。這種小卷蛾是侵害多種常青樹木的本地昆蟲。在加拿大東部，這種昆蟲每三十五年就會爆發一次一九五〇年代初期就發生了一次大爆發。為了對付牠們，人們開始使用DDT。剛開始只是小規模使用，到了一九五三年，節奏突然加快了。在這之前，只是噴撒數千英畝的森林，如今已經變成了數百萬英畝。其目的是為了拯救紙漿和造紙的主要原料——香脂樹。

於是，在一九五四年六月，飛機造訪了米拉米奇河西北流域的森林，縱橫交錯的白色煙霧在空中劃出了一道道飛行軌跡。每英畝噴撒了約226克的DDT，藥劑穿過香脂樹，落在地上，也落在林間的河流裡。飛行員一心想著完成任務，他們不會避開河流或在飛過溪水時關掉噴嘴。不過，只要有一絲風吹草動，霧劑就會飄散很遠，即使他們這樣做了，也於事無補。

噴撒藥劑之後不久，就出現了不祥的預兆。僅僅在兩天之內，河流沿岸的魚兒就死傷無數，其中包括很多年幼的鮭魚。鱒魚也無法倖免，道路邊、森林裡的鳥兒也在不斷死去。河流中的一切生物都沉寂了下來。在噴藥之前，河裡的生物多種多樣，構成了鮭魚和鱒魚的豐盛食物，包括石蛾幼蟲，牠們用黏液把樹葉、草梗或碎石黏在一起形成了鬆散的掩體;在湍急的河流中緊緊貼住岩石的石蠅幼蟲;還有像蠕蟲一樣的黑蠅幼蟲,牠們在淺灘的石頭上或者在溪流溢出的斜岩上緩慢移動。但是,現在溪流中的昆蟲全被DDT殺死了,那些小鮭魚也無處覓食了。

在這樣大肆破壞、無情殺戮的慘景中,果然不出所料,小鮭魚也不能置身其外。到了八月,春天裡孵化的小鮭魚全都消失了。一年的繁殖化為烏有。1歲或者更大一點的鮭魚,情況稍好一點。飛機經過時,一九五三年,正在河裡覓食的小鮭魚當中,只有六分之一能倖存。一九五二年孵化的鮭魚,幾乎已準備好前往大海,也死了三分之一。

這些事實之所以為人所知,是因為自一九五〇年起,加拿大漁業研究會開始對米拉米奇河西北流域的鮭魚進行研究。他們每年會對河裡的鮭魚進行一次調查。生物學家做的記錄包括:洄游繁殖的成年鮭魚數量、每個年齡段小鮭魚的數量,以及河流中生存的鮭魚和其他魚類的正常數量。有了這些藥物處理之前的完整記錄,就可以精確計算噴藥造成的損失了。

調查不僅發現了小魚的損失,還揭示了河流本身發生的巨大的變化。反覆噴藥已經完全改變了河流環境,作為鮭魚和鱒魚食物的水生昆蟲幾乎全部死亡。即使一次噴藥,昆蟲也需要很長的時間才能恢復到支撐鮭魚生存的數量——需要好幾年,而不是幾個月。

較小的昆蟲，如蠓蟲和黑蠅就恢復得很快。牠們是幾個月大鮭魚苗的食物。但是，較大的水生昆蟲恢復就比較慢，而第二年和第三年的鮭魚要以這些昆蟲為食。這些食物是石蛾、石蠅和蜉蝣的幼蟲。即使在噴藥的第二年，除了偶然發現的小石蠅外，幼鮭很難發現其他食物了。為了增加天然食材的供給，加拿大人嘗試在米拉米奇河貧瘠的水域培育石蛾幼蟲和其他昆蟲。但是，只要再次噴藥，這些精心培育的昆蟲一定會遭到清除。

出乎意料的是，蚜蟲不僅沒有減少，反而變本加厲。從一九五五年到一九五七年，新布藍茲維省與魁北克省的各個區域反覆噴藥，有些地方甚至噴了3次。到了一九五七年，已經有約607公頃的土地噴過了藥物。即使噴藥暫停了一段時間，但是由於蚜蟲突然爆發，在一九六〇年和一九六一年又各噴了一次。實際上，沒有任何跡象表明噴藥計畫是權宜之計（目的是連續噴藥數年，以避免樹木脫葉死亡），所以隨著噴撒的進行，副作用也在延續。為了減少魚類的損失，在漁業研究會的建議下，加拿大林業局把DDT濃度從每英畝226克降到113克（在美國，仍在使用每英畝450克的致命標準）。觀察噴藥效果幾年後，加拿大人陷入了進退兩難的情況，但是如果繼續噴藥，對於那些喜歡垂釣鮭魚的人而言沒有什麼好處。

米拉米奇河西北部之所以免於遭受預期中的破壞，是由一系列非常罕見的情況所促成的——這樣的情況可能一個世紀都不會再次發生。我們有必要了解一下事情的經過和原因。

正如我們所知，在一九五四年，米拉米奇河西北流域已經噴撒了大量藥物。此後，除了一九五六年在一個狹窄地帶噴過藥外，整個支流上游沒有再噴過藥。一九五四年秋天，熱帶風暴對米拉米奇河的鮭魚產生了重要影響。艾德娜颶風一路北上，給新英格蘭地區和加拿大海岸帶來了傾盆大雨，洪流裹挾著大量淡水奔流入海，吸引來了大量鮭魚。因此，河床的礫石間出現了數目繁多的魚卵。一九五五年春天在米拉米奇河西北部孵化的幼鮭獲得了理想的生存環境。雖然去年DDT殺死了所有的水生昆蟲，但最小的昆蟲——蠓蟲和黑蠅已恢復生機。牠們是幼鮭的主要食物。因此，那年的鮭苗不僅有豐富的食物，而且幾乎沒有爭食者。這是因為，較大的幼鮭已經在一九五四年被藥劑毒死了。相應地，一九五五年的魚苗生長迅速，並大量存活下來。牠們很快在河流中完成了發育，隨後奔向大海。一九五九年，大量鮭魚返回河流，並產下了很多魚卵。

米拉米奇河西北流域狀況相對較好，是因為只噴過一次藥。從其他河段可以明顯看出重複噴藥的後果，那裡的鮭魚正急劇減少。

在噴過藥的河流裡，各階段的幼鮭都很少見。據生物學家報告，鮭魚苗經常「全軍覆滅」。米拉米奇河西南段在一九五六年和一九五七年都噴過藥，結果一九五九年的捕魚量是十年來最少的。漁民議論著洄游鮭魚急劇減少。在米拉米奇河口的採樣處，一九五九年洄游的幼鮭僅是上一年的四分之一。一九五九年，米拉米奇河首次入海的兩歲幼鮭僅有60萬隻，不到過去三年任一年的三分之一。在這樣的背景下，新布藍茲維省的鮭魚業只能指望找出DDT的替代品了……

除了噴撒的程度和詳盡的事實之外，加拿大東部的情況並不特殊。緬因州同樣有雲杉和香脂樹林，也面臨昆蟲防治問題。緬因州也有鮭魚洄游的河流——這是冰川時代的殘留物，即使生物學家和環保人士想為鮭魚保住這份殘羹冷炙也是十分困難的，因為工業汙染和大量原木阻塞使河流不堪重負。儘管這裡也噴了藥，來對付無處不在的蚜蟲，但受到影響的區域卻相對較小，而且也沒有影響到鮭魚產卵的主要河流。但是緬因州內陸漁獵管理局觀察到的魚類狀況，卻可能是非常凶險的徵兆。

該局報告說：「一九五八年噴藥過後，在大戈達德河中立刻就發現了大量瀕死的鮣魚。牠們表現出典型的DDT中毒症狀：游動的姿勢很奇怪、冒出水面大口喘氣、不停顫抖、痙攣。噴藥後的五天內，在兩張漁網裡發現了668條死了的鮣魚。在小戈達德河、卡里河、阿爾德河以及布雷克河，都發現了大量死去的米諾魚和鮣魚。經常有一些虛弱、瀕死的魚兒沿著河流向下游去。在一些地方，噴藥一週後，還會發現變瞎的、瀕死的鱒魚順著河水漂流。」（各種研究證實DDT可能導致魚類變瞎。一九五七年，一位生物學家觀察了溫哥華島北部的噴藥後報告說，原來很凶猛的鱒魚，現在可以輕易地從河中徒手撈出，因爲牠們游動得很慢，根本無力逃脫。檢測發現，鱒魚的眼睛蒙上了一層白膜，說明牠們的視力已經受到損傷或者完全失明。加拿大漁業局的研究顯示，沒有被濃度爲3 ppm的DDT殺死的銀鮭都出現了眼盲症狀，表現爲晶體混濁。）凡是有森林的地方，昆蟲防治的現代方法就會威脅到樹蔭遮蔽下的淡水魚類。

一九五五年，黃石公園內部和周圍的噴藥造成了美國魚類屠殺最著名的案例。那年秋天，黃石河中發現的死魚數量之大，使漁獵愛好者和蒙大拿漁獵管理人員都感到極為震驚。約145公里的河流受到影響。在約274公尺長的一段河岸，發現了6百條死魚，包括褐鱒魚、白鮭和鯽魚。鱒魚的天然食物——水生昆蟲也已經消失了。

林業局的官員宣布，他們根據建議，按每英畝1磅DDT的「安全」標準執行。但是，噴藥後果說明這種建議並不可靠。一九五六年，蒙大拿漁獵局與另外兩個聯邦機構——魚類與野生動物管理局和林業局，開始進行聯合研究。在這一年，蒙大拿州共噴藥36萬公頃；一九五七年，又處理了32萬公頃。所以，生物學家很容易就能找到研究對象。

死亡的方式總是以典型的模式呈現出來：森林上空瀰漫著ＤＤＴ的氣味，水面上漂著一層油膜，岸邊是死去的鱒魚。不管是活的還是死的，檢測過的魚，體內都發現了殘留的ＤＤＴ。與加拿大東部的情況一樣，噴藥導致生物餌料銳減。很多地方的研究都表明，水生昆蟲和其他河底生物的數量減少到了原來的十分之一。鱒魚捕食的昆蟲一旦遭到毀滅，需要很長時間才能緩過來。即使到了噴藥第二年的夏末，也只有少量的水生昆蟲恢復，以前有豐富深水生物的河流，現在幾乎見不到昆蟲了，可供垂釣的魚兒也減少了80％。

魚兒不一定會馬上死去。實際上，死刑緩期比立即執行後果更可怕。正如蒙大拿州的生物學家發現的，緩期死亡大多發生在魚汛之後，所以很容易被忽略。在研究過的河流中，大量秋季繁殖的魚類如褐鱒魚、河鮭和白魚，都有可能死亡。這並不奇怪，因為無論魚還是人，所有的生物在生理應激期間都要消耗脂肪來獲得能量。這就使魚完全暴露在其體內ＤＤＴ的致命毒性之下。

這樣，我們就可以清楚地看到，每英畝噴撒1磅ＤＤＴ會對林中河流的魚類產生嚴重威脅。此外，對蚜蟲的控制也乏善可陳，很多地方只能重複噴藥。蒙大拿漁獵局對此表達了強烈的不滿，表示不願意僅僅「爲了一項必要性和功效都值得懷疑的計畫」，而犧牲漁業資源。然而，該局又宣布，將繼續與林業局加強合作，「竭盡全力降低副作用」。

但是，這種合作真的能拯救魚類嗎？英屬哥倫比亞的經驗足以說明問題。黑頭捲葉蛾已經肆虐該州好幾年，林業局的官員擔心再過一個季節，樹木會因為脫葉而大量死亡，於是在一九五七年決定採取措施。他們與漁獵局商討過很多次，因為他們擔心洄游的鮭魚受到傷害。森林生物分局同意在不影響其效果的前提下，調整噴藥計畫，以減少魚類的損失。

雖然採取了預防措施，也做了一番努力，但是至少有4條河流中的鮭魚全部死亡。在其中一條河流中，4萬條洄游銀鮭的幼鮭全部被毒死。幾千條年幼的硬頭鱒和其他種類的鱒魚同樣損失慘重。銀鮭遵循著三年的生活週期，而洄游的魚兒幾乎都是同年齡段的。與其他的鮭魚一樣，銀鮭有很強的洄游本能，牠們只會回到自己的出生地，而不會游到別的河流中去。這就意味著，每隔三年的鮭魚洄游幾乎不復存在了，除非藉由人工繁殖或其他方法才能使之恢復。

有一些方法，既能保護森林，又能挽救魚類。如果放任不管，河流就會變成死亡之地，我們將會陷入絕望，同時也把自己交給了失敗主義。我們必須拓展已有的方法，必須充分利用自己的聰明才智和各種資源來發明新方法。有記錄顯示，天然的寄生蟲病可以控制蚜蟲，比噴藥更有效。我們應該充分利用這種自然方法。我們可以使用毒性較弱的藥劑，或者利用微生物使蚜蟲生病，而不至於破壞森林的生態，這樣也許更好。在本書的後半段，將會說明這些替代方法以及其功效。

同時，我們應該認識到，對森林中的昆蟲進行化學防治，既不是唯一，也不是最佳的方法。殺蟲劑對魚類的威脅包括三種類型。如我們所看到的，第一種是關於北部森林河流中的魚類，與森林噴藥有關。這種威脅幾乎完全是DDT作用的結果。第二種是那些不斷蔓延、四處擴散的毒素，它會影響許多魚類：鱸魚、翻車魚、鯽魚、鮭魚以及全國各地湖泊河流裡的魚類。這種問題幾乎與所有的農業殺蟲劑有關，其中一些主要毒素很容易辨別，如異狄氏劑、毒殺芬、狄氏劑和七氯等。最後一個問題，需要我們開始考慮將來會發生什麼，因為揭露真相的研究才剛剛起步。這類問題與鹽沼、海灣、河口中的魚類有關。

廣泛使用新型有機殺蟲劑必定會對魚類造成嚴重的損害。因為魚類對氯代烷異常敏感，而現代殺蟲劑大多是用氯代烷製成的。數百萬有毒的化學藥劑接觸地表後，必然會有一部分毒素進入海陸無限循環的水中。

如今，魚類大量死亡的報導已經變得非常普遍，美國公共衛生署不得不設立辦事處來蒐集各地報告，作為水汙染的指標。這個問題引起了很多人的關注。大約2千5

百萬美國人把釣魚當作一大樂趣，另有1千5百萬人也時常去一試身手。他們每年花費30億美元，用於辦理執照、購買裝備、露宿器材、汽油以及住宿。如果他們沒法釣魚的話，會對經濟產生很大的影響。商業性漁業有巨大的經濟效益，更重要的是，牠們也是必要的食物來源。內陸和海洋漁業（除了近海捕魚）每年捕魚約1百40萬噸。然而，正如我們所見到的，殺蟲劑侵入溪流、池塘、江河及海灣，對釣魚休閒和商業捕魚構成了嚴重威脅。

農業用藥毒死魚類的例子比比皆是。例如，在加利福尼亞州，由於用狄氏劑治理亞洲潛葉蠅，致使大約6萬條垂釣魚喪生，其中主要是藍鰓太陽魚和其他太陽魚。在路易斯安那州，由於在甘蔗地裡使用了異狄氏劑，僅在一九六〇年就出現了30多次魚類大量死亡的現象；在賓夕法尼亞克州，為了殺死果園的老鼠，噴撒了異狄氏劑，造成了大量魚類死亡。西部高原使用靈丹控制蚱蜢，卻毒死了河裡大量的魚。

美國南部為了控制火蟻而展開了規模宏大的噴藥計畫，鋪天蓋地噴撒數百萬英畝的土地，可能沒有任何一個其他農業計畫能與之相提並論。這次用的主要是七氯，根據記載表示其對魚類的毒性比DDT稍弱；而另一種對付火蟻的藥物——狄氏劑，則是對所有水生生物都造成了極大傷害；異狄氏劑和毒殺芬則對魚類造成更大的威脅。

在火蟻防治區內，不論是使用七氯還是狄氏劑，都給水生生物帶來了災難。從一些生物學家報告的隻言片語，我們就能聞到死神的味道。德克薩斯的報告說，「儘管我們竭力保護河流，但是仍有大量水生動物死亡」，「死魚……出現在所有處理過的水域」，「連續三週都出現了魚類大量死亡的現象」。阿拉巴馬州的報告提到，「噴藥幾天後，威爾考克斯郡的大部分成年魚都死了……季節性水域和小支流裡的魚幾乎滅絕了」。

路易斯安那州的漁民紛紛抱怨水產養殖的損失。在一條運河上，在不到約4百公尺的距離內，就有5百多條死魚，牠們或浮在河面，或躺在岸邊。在另一個教區則出現了150條死去的翻車魚，是原來數量的四分之一。其他5種魚幾乎全部死光了。

在佛羅里達州的一個噴藥區，人們在池魚的體內發現了「飛布達及環氧七氯」的殘留。而這些魚包括翻車魚和鱸魚，牠們都是垂釣者喜愛的獵物，也是人們愛吃的魚類。食品和藥物管理局認為牠們體內的化學殘留毒性很大，哪怕人類攝入很少的量也非常危險。

關於魚類、青蛙以及其他水生生物的死亡報告層出不窮，因此，致力於研究魚類、爬行動物和兩棲動物的組織——美國魚類學家和爬蟲學家協會，於一九五八年通過了一項決議，呼籲美國農業部門和有關部門，「在造成無法挽回的損失之前，停止從空中噴撒七氯、狄氏劑以及其他毒藥」。協會呼籲關注美國東南部的各種魚類和其他生物，包括世界上其他地方沒有的一些物種。協會警告說：「很多動物只生活在很小的區域內，因而很容易滅絕。」

由於人們使用殺蟲劑來對付棉花害蟲，南方各州的魚類也損失慘重。一九五〇年夏天，阿拉巴馬州北部的棉花產區就經歷了一場災難。在這之前，人們只要使用少量的有機殺蟲劑就能控制象鼻蟲。但是，由於一連幾個冬天都很暖和，一九五〇年滋生了大量象鼻蟲。於是，80到95%的農民在鄉村管理人員的催促下，使用了殺蟲劑。他們普遍使用的是毒殺芬——對魚類殺傷力極強的毒品。

那年夏天，雨水頻繁、降水強度大。雨水把藥劑沖進了河裡，於是農民反覆噴藥。那年每英畝平均噴撒了28公斤毒殺芬。有些農夫甚至在每英畝的土地上使用了90公斤藥劑；還有一名農夫出於滿腔熱情，在一英畝土地上慷慨地施與超過250公斤農藥。

結果可想而知。阿拉巴馬棉產區的弗林特河就是典型的例子，在注入惠勒水庫之前，它已經在棉區蜿蜒流淌了80公里。八月一日，弗林特河流域大雨傾盆。陸地上起初是涓涓細流，然後變成湍急的小渠，最後形成洶湧的洪水湧進河中。河水上漲了15公分。從第二天早晨的景象看來，除了雨水，一定還有其他毒物流入河中。魚兒在水面盲目地轉圈，有時候牠們會從水中跳到岸上，因而很容易被抓到；一個農夫撿起幾條魚，把牠們放進了泉水池中，牠們恢復過來了。但是，在河中整天都有死魚順流而下。這只是一個序曲，每次下雨都會把更多的殺蟲劑沖進河裡，毒死更多的魚。八月十日的那一場大雨幾乎把河裡的魚都殺光了，以至於八月十五日的大雨後，毒藥再一次湧進河流時，已經無魚可殺。人們把裝有金魚的籠子放入河中，得到了化學毒藥的證據——金魚在一天之內就死了。

弗林特河中死亡的魚類包括大量的白色太陽魚，牠們是垂釣者最喜愛的一種魚。在河水注入的惠勒水庫也發現了大量死亡的鱸魚和翻車魚。這些水域中的無用雜魚也慘遭毒害，包括鯉魚、水牛魚、石首魚、黃魚、鯰魚等。這些魚沒有生病的跡象，只有瀕死的反常行為和奇怪的紫紅色魚鰓。

如果在溫暖而封閉的養魚池附近使用了殺蟲劑，環境對魚類而言就可能會變得致命。正如很多例子一樣，毒素隨著雨水和逕流進入池塘。除此之外，有時候噴藥的飛行員在經過池塘時，會忘記關掉噴粉器，藥粉會直接落入池塘。其實，毋須如此複雜，正常的農藥用量已經遠遠超出魚類的致死劑量了。或者說，即使大量減少用藥，也無濟於事，因為每英畝池塘超過45克的劑量就足以造成危害。毒素一旦進入池塘，就很難清除。為了消滅銀光魚而在池塘裡撒了DDT，經反覆放乾沖洗後，毒性依然強大，結果後來放養的翻車魚，被毒死了94%。很明顯，毒素潛藏在池塘底部的淤泥裡。

顯然，現在的狀況比起殺蟲劑開始投入使用時，沒有任何起色。奧克拉荷馬州野生動物保護署在一九六一年說，他們每週最少會接到一起養魚池或者小湖泊有大量死魚的報告，而且這樣的報告還在增加。由於多年來這類情況不斷上演，造成這種損失的原因也早已為人所知：農業用藥後，一場大雨來襲，毒素趁機湧進池塘。

世界上某些地方，魚塘的魚是必不可少的食物來源。這些地方置魚類的生死於不顧，任意使用殺蟲劑，從而引發了很多緊急問題。例如，在德羅西亞，濃度僅為0.04 ppm的DDT殺死了淺水中極為重要食用魚——黃邊口孵非鯽的幼苗。即使很小劑量的其他藥劑也可能會致命。這些魚類生活的淺水也是蚊蟲繁殖的理想聖地。控制蚊蟲，同時保護好中非地區重要的食用魚資源，這個問題顯然沒有得到妥善解決。

在菲律賓、中國、越南、泰國、印尼以及印度，虱目魚的養殖也面臨同樣的問題。虱目魚在這些國家被養殖在沿海地區的淺水池中。成群的魚苗會突然出現在岸邊的水中（沒人知道牠們來自何方）。人們把牠們撈起來，放進養魚池中，等牠們慢慢長大。對於以大米為生的無數東南亞人和印度人來說，這種魚是重要的蛋白質來源。因此，太平洋科學會議建議在全球範圍內搜尋牠們的產卵地，進而實現大規模的養殖。但是，殺蟲劑給現有的養魚池造成了嚴重的損失。在噴藥飛機駛過一個有12萬條虱目魚的魚塘後，儘管池塘的主人拚命注水稀釋池塘中的毒素，仍有一半多的魚被毒死了。

一九六一年，在德克薩斯州奧斯汀市下游的科羅拉多河，發生了近年來最嚴重的魚類死亡事件。一月十五日（星期日）早晨，天剛亮，在奧斯汀新城湖湖面上和下游約8公里的河面上發現了死魚。前一天都還好好的。週一的時候，就有了很多報告，說河水下游80公里的地方發現了死魚。終於真相大白了，一些有毒物質正順著河流向下游擴散。到了一月二十一日，在下游160公里處的拉格蘭奇附近有魚類死亡。一週後，這些毒素又在奧斯汀下游321公里處瘋狂肆虐。在一月的最後一週，當局關閉了沿海航道的水閘，以阻止毒素進入馬塔戈達灣，並將其引入墨西哥灣中。

同時，奧斯汀的調查人員注意到一股靈丹和毒殺芬的氣味。這種味道在一處排水管道附近尤其強烈。這條管道過去一直飽受工業廢料的困擾，當德克薩斯漁獵委員會的官員從湖泊沿著管道探尋源頭的時候，他們覺察到了六氯化苯的味道，這種氣味一直延伸到一家化工廠的支線。這家化工廠主要生產DDT、六氯化苯、靈丹、毒殺芬以及少量其他殺蟲劑。工廠負責人承認，最近大量的藥粉被沖進了排水管中。更使人震驚的是，他還承認溢出的殺蟲劑和農藥殘留在過去十年中一直就是這樣處理的。

進一步調查後，漁業官員發現，雨水和清潔用水也可能把其他工廠的殺蟲劑沖進排水管。另一個發現補上了整個鏈條的最後一環：在整個水域毒性發作的前幾天，為了清理殘屑，整個排水系統用幾百萬加侖的高壓水沖洗過了。毫無疑問，這些水把寄居在礫石和細沙中的殺蟲劑帶到了湖泊和河流裡，後來的化學實驗發現了它們的藏身之地。

致命的毒素順著科羅拉多河水漂流，死亡隨之而來。湖泊下游 225公里河段裡的魚幾乎死光了，後來人們用大網撈了一遍，想看看有沒有倖存的魚，結果一無所獲。在約 1公里長的河岸邊，人們發現了27種死去的魚，總共約為45公斤。有主要的垂釣魚——美洲河鯰；有藍鯰魚、鱥鮰、牛頭魚、4種翻車魚、螢光魚、鰷魚、突吻曲口魚、大口鱸魚、鯉魚、鯔、鯽魚；還有鰻魚、福鱷、鯉亞口魚、美洲真鰶、水牛魚。其中一些魚肯定是這條河裡的元老，從大小就能判斷出牠們的年齡——很多鱥鮰體重超過11公斤，據說當地居民在河邊撿到過27公斤重的，據官方記載，有一條巨大的藍鯰魚重達38公斤。

漁獵委員會估計，即使汙染到此為止，這條河裡魚類的狀況在很長時間裡都難以得到改變。一些種類——那些只在某一區域生存的物種——可能永遠都不能自行恢復，其他魚類也只能依靠大量人工繁殖才能壯大起來。

奧斯汀市的魚類災難已經調查清楚了，但是事情遠未結束。河水向下遊行進了 320多公里後，仍然有毒。人們認為，讓這些水進入馬塔戈達灣太危險了，因為那裡有牡蠣和養蝦場。於是，這些毒藥水被引入墨西哥灣的開放水域。毒素在那裡會產生什麼作用?其他河流的毒水又會造成什麼影響呢?

目前,關於這些問題的回答還只是猜測,但是越來越多的人開始關心殺蟲劑對河口、鹽沼、海灣和其他水域的影響。這些水域不僅要容納有毒的河水,有時為了控制蚊蟲,還會遭到藥劑的直接攻擊。

殺蟲劑對鹽沼、河口以及海灣生物的影響,生動地透過佛羅里達州東海岸的印第安河表現出來了。一九五五年春天,為了消滅沙蠅幼蟲,聖露西亞郡在約809億公頃的鹽沼上噴撒了狄氏劑。使用的有效成分約合每英畝1磅。它對水生生物的影響簡直就是災難。國家衛生委員會昆蟲研究中心的科學家對噴藥後的慘狀進行了研究,並作了報告說,魚類「徹底死了」。海岸上到處都是死魚的屍體。從空中可以看到,受到無助、垂死的魚的吸引,鯊魚正在慢慢靠近。所有的魚類都無法逃脫。死亡的魚包括鯔魚、鋸蓋魚、銀鱸、食蚊魚。

「印第安河岸除外,整個沼澤區被毒死的魚至少有20到30噸,或者至少30種,大約117萬5千條」,調查組的R·W·哈靈頓(R. W. Harrington, Jr.)和W·L·比德林梅爾(W. L. Bidlingmayer)如此報告。

軟體動物似乎沒有受到狄氏劑的影響。甲殼類生物全部滅絕。水生螃蟹受到重創:淡水蟹幾乎全部死亡,倖存的僅在漏掉噴藥的小區域苟延殘喘了一陣。

較大的垂釣魚和食用魚最先死去……螃蟹會爬到瀕死的魚兒身上大快朵頤，第二天就會跟著死去。蝸牛繼續吞食魚的屍體。兩週後，魚的屍體就徹底消失了。

赫伯特・米爾斯博士（Herbert R. Mills）在佛羅里達對岸的坦帕灣進行觀察後，描繪了同樣的悲慘畫面，在包括威士忌灣在內的區域，奧特朋協會建立了鳥類保護區。諷刺的是，在當地衛生部門為了消滅鹽沼蚊而噴藥後，整個保護區就變成了避難所。在這裡，魚類和螃蟹也是主要的受害者。招潮蟹體型較小，長著斑斕的外殼，在泥地或沙地成群爬過時，就像牛吃草一樣，對噴劑沒有任何抵抗力。經過夏秋兩季的連續噴撒（一些地區噴藥多達十六次），正如米爾斯博士總結的，「目前，招潮蟹的數量正呈現銳減的態勢。在十月十二日的潮水和天氣狀況下，本應該有10萬隻蟹，但是海灘的能見範圍內只發現了不到百隻，而且都是非病即死，牠們不停顫抖、抽搐，步履蹣跚，失去爬行能力；但是附近沒有噴過藥劑的地方還有很多招潮蟹。」

招潮蟹對於自己周圍的環境至關重要。因為牠是眾多動物的食物來源。沿海的浣熊以牠們為食，像長嘴秧雞、一些岸鳥和海鳥也會捕殺牠們。在紐澤西州一個噴過DDT的鹽沼裡，笑鷗的數量在幾週內就減少了85％，這可能是因為噴藥之後鳥兒的食物不夠了。招潮蟹在其他方面也發揮著重要作用，牠們是重要的食腐動物，會到處挖掘使沼澤的泥土透氣。牠們也給漁民帶來了大量餌料。

招潮蟹並不是潮沼和河口地區唯一受殺蟲劑威脅的生物，其他一些對人類更為重要的動物也面臨著危險。乞沙比克灣和大西洋沿岸地區久負盛名的藍蟹就是一個例子。這種蟹對殺蟲劑十分敏感，所以溪流、水溝和潮沼裡每噴一次藥都會殺死大量的藍蟹。揮之不去的毒素不僅毒死了本地蟹，還殺死了從海裡遷徙過來的螃蟹。有時候中毒可能是間接的，跟印第安河附近沼澤地的情況一樣，螃蟹吃了垂死的魚，也很快中毒而死。

人們還不大了解龍蝦受到的危害。要知道，牠們與藍蟹都屬於節肢動物的同一科，有相同的生理特徵，因而可能受到同樣的影響。石蟹和其他對人類具有重要價值的食物——甲殼動物，也面臨同樣的問題。

近岸水域——海灣、海峽、河口、潮沼，形成了最重要的生態群落。這些水域與各種魚類、軟體動物以及甲殼動物都密不可分，一旦這些地方變得不適宜動物生存，這些海味將從我們的餐桌上永遠消失。

即使廣布於沿海的魚類，其中很多也要依賴近岸水域來產卵育苗。佛羅里達西海岸較低的區域是長滿紅樹的河流，連同運河，裡面有數不清的海鰱幼魚。在大西洋沿岸，海鱒、白花魚、石首魚會在島和「堤岸」間的海灣淺灘上產卵，這條「堤岸」像一條保護鏈排列在紐約南部的岸邊。幼魚孵出後隨著潮汐穿過海灣。在海灣和海峽裡

——克里塔克灣、帕姆利科灣、博格灣等，牠們能找到食物，並迅速成長。沒有這些溫暖、安全、食物豐富的育苗場，各種魚群是無法生存的。然而，我們卻對帶來殺蟲劑的河水或者在沿岸沼澤地噴撒的農藥熟視無睹。

幼魚更容易受到農藥的直接毒害。另外，蝦也要依靠近海的育苗基地。這種數量豐富、分布廣泛的生物支撐著大西洋南部和墨西哥灣地區的漁業。雖然蝦在海中產卵，但是小蝦會在幾週大的時候前往河口和海灣蛻皮並不斷成長。從五、六月分一直到秋天，牠們會待在那裡，以水底的殘屑為食。在整個近海生活期間，蝦群的數量和捕蝦活動都取決於河口的條件是否有利。

殺蟲劑會對捕蝦和蝦的供應形成威脅嗎？答案可能就在商業漁業局最近所做的實驗中。剛過了幼年期的食用蝦對殺蟲劑的抵抗力非常低，大約是10億分之1（1 ppb），而不是常用的1 ppm的標準。例如，在一次實驗中，濃度僅為15 ppb的狄氏劑毒死了一半的蝦。其他化學藥劑毒性更強。各種化學藥劑中毒性最強的異狄氏劑，濃度僅為0.5 ppb，就殺死了一半的蝦。

牡蠣和蛤蜊受到的威脅更加嚴重，同樣也是幼體最易中毒。這些甲殼動物生活在從新英格蘭到德克薩斯州的海灣、海峽和潮汐河流的底部，以及太平洋海岸的蔽蔭區域。雖然成年甲殼動物不再遷徙，但是牠們會把卵產在海洋中，在那裡幼體幾週內就可以自由活動。夏季時，拖著細孔拖網的船可以在一天之內捕捉到各種浮游生物，其中夾雜著極其細小、脆如玻璃的牡蠣和蛤蜊幼苗。這些透明的幼苗還不如一粒灰塵大，成群在水面游動，以微生物為食。如果海洋中的微生物消失了，牠們就會餓死。然而，殺蟲劑恰恰可以殺死大量的浮游生物。一些用於草坪、耕地、路邊，甚至是海岸沼澤的除草劑，對會對浮游植物造成極大的傷害，一些只需十億分之幾就足以產生巨大影響。

脆弱的幼苗也會被極少量的殺蟲劑殺死。即使接觸了少於致命的劑量，幼蟲也會死亡，因為藥劑延緩了牠們的發育。這意味著牠們必須在危險的浮游生物中生活更久，減少了成長的機會。

對於成年軟體動物而言，直接中毒的危險較小，至少有一些殺蟲劑是如此。但是，這並不意味著可以高枕無憂。毒素會在牡蠣和蛤蜊的消化器官和身體組織中不斷積蓄。人們吃這兩種食物時，經常全部吞下，有時還會生吃。商業漁業局的菲利普·巴特勒博士（Dr. Philip Butler）指出，我們的境地可能與知更鳥一樣可憐。他提醒說，知更鳥不是因為直接接觸DDT死亡，而是吃了有殺蟲劑的蚯蚓才喪命的。

昆蟲防治直接造成了河流或者池塘的魚類和甲殼動物突然死亡，這樣的後果雖然使人震驚，但是隨著河流、小溪進入河口的殺蟲劑，那樣的神祕莫測、難以估量的影響將會帶來更大的災難。整個事件充滿了各種謎題，目前尚未形成令人滿意的答案。我們知道，農田和森林的殺蟲劑由河流進入海洋。但是，我們並不知道它們的種類有多少，數量有多大。一旦毒素進入海洋就會高度稀釋，目前我們還沒有可靠的方法在這種狀態下檢測它們的種類。雖然我們知道化學品在漫長的旅途中肯定發生了變化，但是我們無法確定毒性變強還是減弱。另一個有待探索的就是化學品之間的反應，當它們進入各種礦物質激盪混雜的海洋時，這一問題尤為緊迫。所有這些問題都急需透過全面的研究找出準確的答案，然而這方面的研究經費卻少得可憐。

淡水和海洋漁業關乎許多人的利益和福祉，其重要性不言而喻。毫無疑問，現在其受到了水體中化學品的嚴重威脅。如果能從每年研究強毒藥劑的經費中拿出一小部分，用於建設性的研究，我們就能較少地使用這些毒劑，並使河流免受其害。公眾什麼時候會認清事實，主動要求這樣做呢？

第10章 禍從天降

Indiscriminately from the Skies

起初，在農田和森林上空的噴藥範圍很小，但一直在擴大，用藥量也一直在增加，所以一位英國生物學家把它稱為「死亡之雨」。我們對毒素的態度已經發生了微妙的變化。這些化學品曾經裝在印有骷髏標誌的容器裡，也會註明它們僅限於敵害目標，嚴禁濫用。隨著新型有機殺蟲劑的問世，加上二戰後飛機過剩，這些原則都被拋到了九霄雲外。現在的化學品比以往的更加危險，但令人不解的是，人們卻肆無忌憚地把它們從空中灑下來。在化學藥劑覆蓋的地方，不僅是目標蟲害或植物，還包括各種生物——人和其他生物，都會嘗到毒藥的惡果。人們不僅給森林和耕地噴藥，大城小市也給鍍了一層藥膜。

現在已經有很多人開始對大規模的空中噴藥產生了擔憂，一九五〇年代末的兩場大規模噴藥行動加重了人們的疑慮。這兩次行動分別針對東北部各州的舞毒蛾和南部的火蟻。這兩種昆蟲都不是本地物種，但已在美國生存多年，並沒有造成多大危害，所以沒有必要採用極端措施。然而，在農業昆蟲防治部門「為達目的不擇手段」的指導方針下，人類還是對牠們展開了猛烈的攻擊。

消滅舞毒蛾的行動表明，當輕率、大規模的行動取代了局部、有節制的防治計畫後，會造成多麼大的損失。針對火蟻的行動就是典型小題大作，在完全不知道滅蟲所需的劑量，也沒弄清會對其他生命產生什麼影響的情況下就魯莽行動。結果，兩次行動均以失敗而告終。

舞毒蛾本來在歐洲生活，進入美國已經有將近百年的時間了。一八六九年，法國科學家利奧波德．特魯夫洛（Leopold Trouvelot）在麻薩諸塞州梅德福市的實驗室裡不小心把幾隻放了出去，當時他正嘗試將舞毒蛾與家蠶雜交。舞毒蛾漸漸在新英格蘭地區擴散開來。其首要因素是風——舞毒蛾幼蟲非常輕，可以被吹到很遠的地方。另一種方式是植物的傳送，它們攜帶著大量過冬的蟲卵。每年春天，舞毒蛾毛蟲都會連續好幾個星期持續破壞橡樹和其他硬木的葉子，如今牠們已經遍布所有的新英格蘭地區。紐澤西也零星出現了牠們的蹤跡，一九一一年從荷蘭運來的雲杉樹把牠們帶了進來。目前還尚未得知牠們是如何進入密西根州的。一九三八年，新英格蘭的颶風把舞毒蛾吹到了賓夕法尼亞和紐約州。不過，阿迪朗達克山充當了牠們的天然屏障，阻擋其西行的腳步，因為那裡長的樹木不合牠們的胃口。

人們已經用盡了各種方法，把牠們限制在美國東北一角，而且自美國出現舞毒蛾之後的近百年裡，並沒有證據顯示牠們入侵了阿帕拉契山的硬木林，這樣的擔憂也是多餘的。從國外引進的13種寄生蟲和捕食性昆蟲，在新英格蘭地區已經蓬勃發展起來了。農業部也認可引進計畫的效果，認為牠們降低了舞毒蛾氾濫的頻率和危害。這種自然控制外加檢疫和局部噴藥的方法取得了良好的成效。一九五五年，農業部稱這些措施「出色地限制了牠們的擴散和危害」。

然而，就在表態一年後，農業部植物蟲害防治部門就展開了一項新計畫，揚言要徹底「剷除」舞毒蛾，每年要給幾百萬英畝的土地噴藥（「剷除」意指使一個物種在某個地方完全滅絕。然而，由於幾次計畫相繼失敗，農業部不得不再三用到「剷除」這個詞）。

農業部開展了全力以赴、規模廣大的化學戰。一九五六年，賓夕法尼亞、紐澤西、密西根和紐約共有將近百萬英畝土地進行了噴藥處理。這些地區的人們紛紛抱怨造成的損害。隨著大規模噴藥模式確立，環保人士愈發擔憂。一九五七年，當農業部宣布要對3百萬英畝的土地進行化學處理後，反對的聲音更強烈了。面對人們的抱怨，州政府和聯邦的農業部官員總是聳聳肩，認為這事根本不值得大驚小怪。

一九五七年，長島被劃入噴藥範圍，這裡包括人口稠密的城鎮和郊區，還有一些與鹽沼毗鄰的海岸地區。長島拿騷郡是除了紐約市外這個州人口最多的地區。「紐約市已經被舞毒蛾侵襲」，這一說法被拿來作為噴藥的論據，真是荒謬到了極點。因為舞毒蛾是一種森林昆蟲，不會生活在城市中。牠們也不會在牧場、耕地、花園或沼澤中生存。然而，一九五七年，由美國農業部和紐約農業與商業部僱傭的飛機還是把DDT不偏不倚地灑了下來。蔬菜園、乳牛場、魚塘和鹽沼都被噴了藥。飛機飛到郊區時，一名家庭主婦正急著把自家的花園遮上，而她的衣服被藥劑淋濕了，殺蟲劑還灑向正在玩耍的孩子和火車站的上班人群。在希托基特，一匹優良的奎特馬正在水槽邊喝水，結果被飛機噴了個正著，十個小時後就死了。汽車上被噴得油漬斑斑，花兒和灌叢也遭到毀滅。鳥、魚、蟹以及很多昆蟲通通被殺死。

一群長島市民在世界著名鳥類學家羅伯特．墨菲的帶領下，上訴法院，要求阻止噴藥計畫。最初上訴被駁回後，無奈的市民只能承受漫天飛舞的DDT藥劑，但是他們堅持上訴，要求實行永久禁令。然而，由於判決已經執行，因而法院判定市民的請求「毫無意義」。這件案子一直上訴到最高法院，卻被拒絕審理。威廉．道格拉斯法官對法院拒絕複審的決定表示了強烈不滿，他表示：「許多專家和官員提出的DDT危害，足以說明這一案件對民眾的重要性。」

長島市民提出的訴訟至少使公眾開始關注大規模使用殺蟲劑的問題，並注意到了公民的個人財產遭受侵犯的傾向。

對很多人而言，消滅舞毒蛾使牛奶和農產品受到汙染是不幸的意外事件。紐約州西徹斯特郡北部80公頃的沃勒農場上發生的事就是其中一例。沃勒夫人曾特別叮囑農業官員不要在她家的農場噴藥，但是森林噴藥根本不可能避開她的農場。她提出，可以檢查農場，如果發現舞毒蛾，再針對性地對某些區域噴撒藥劑。雖然官員向她保證不會噴到農場，但她的農場還是被直接噴撒了二次，還有二次被附近飄來的藥劑侵襲。二天後，沃勒農場格恩西純種乳牛的牛奶樣品中，檢測出DDT濃度為14 ppm。野外的草料也受到了汙染。儘管當地衛生部門知道了事情的經過，卻沒有禁止牛奶的銷售。這只是消費者缺少保護的典型案例，而類似的情況不勝枚舉。雖然食品和藥物管理局禁止含有殺蟲劑殘留的牛奶出售，但並沒有認真執行，而且禁令只適用於州際交易。州內以及郡縣沒有必要遵守聯邦殺蟲劑的規定，除非聯邦法律與當地法律一致，但是這種可能性微乎其微。

商品蔬菜園同樣損失慘重。一些蔬菜的葉子上滿是坑洞和斑點，因而難以出售。其他蔬菜都有嚴重的農藥殘留——康乃爾大學農業實驗中心在一個豌豆樣品中發現了DDT濃度為14到22 ppm。而法律規定濃度最高為7 ppm。因此，菜農都蒙受了巨額損失或者賣出了帶有農藥殘留的農產品。一些人因此申請到了賠償。

隨著空中噴撒的DDT逐漸增多，法院接到的訴訟也不斷增加。其中有一些是來自紐約州的養蜂戶。在一九五七年之前，果園噴撒的DDT就已經給他們造成了巨大損失。一位養蜂戶痛苦地說：「在一九五三年前，我會把國家農業部和農學院的每個政策當作真理。」但是，一九五三年五月，州政府對一大片區域噴藥後，這個人損失了8百個蜂群。人們承受損失的涉及面廣、後果嚴重，所以另外14個養蜂戶和他一起狀告州政府，要求賠償25萬美元的損失。另一位失去了4百個蜂群的人說，森林區的工蜂（外出採蜜並傳授花粉）一隻也不剩了，在另一片噴藥較輕的農場，50%的工蜂被毒死了。他寫道：「五月分的時候走進院子裡，卻聽不到嗡嗡的蜜蜂叫，眞是讓人難受死了。」

消滅舞毒蛾的計畫中充斥著各種不負責任的行為。由於噴藥傭金結算不是根據噴撒的面積，而是根據施用的藥量，所以飛行員沒有必要小氣巴拉的，很多地方被噴了可不止一次。空中作業合同常常被州外的公司拿下，他們並沒有在州政府註冊，因此也沒有明確的法律責任。在這種狀況下，蒙受損失的人們也不知道到底應該告誰。

經過一九五七年的災難後，政府突然縮減了噴藥計畫並發表了含糊的聲明，稱要「評估」過去的工作，並測試其他殺蟲劑。一九五七年的噴藥面積為140萬公頃；一九五八年為20萬公頃；一九五九年到一九六一年，又降到了4萬公頃。在此期間，昆蟲防止部門一定會因為長島的事情感到頗為尷尬。舞毒蛾捲土重來，而且數量驚人。昂貴的噴藥計畫本打算剷除牠們，最後卻適得其反，也使農業部失去了公眾信任和良好信譽。

這時，農業部病蟲害防治人員暫時把舞毒蛾拋在了腦後，轉而在南部開展了另一項更宏大的計畫，他們雄心勃勃，「剷除」計畫又一次輕鬆地出現在農業部的檔案中，這一次，他們承諾要徹底消滅火蟻。

火蟻，因其火紅的毛刺而得名，從南美經阿拉巴馬州莫比爾港進入美國。第一次世界大戰後不久，莫比爾港就發現了火蟻。到了一九二八年，火蟻已經擴散到了莫比爾郊區，然後繼續蔓延，如今已經進入了南部大多數州郡。

自進入美國四十多年來，火蟻好像從未引起人們的注意。只有在火蟻最多的州，人們才有點討厭牠們，這是因為牠們會築起30公分高的巢穴，而這足以影響農機作業。只有兩個州把牠們列入了害蟲名單，但都在名單底部。政府和一般人民似乎都覺得火蟻不會構成什麼威脅。

隨著具有強大殺傷力的化學藥劑研製出來，官方對火蟻的態度突然轉變了。一九五七年，美國農業部發動了歷史上最引人矚目的宣傳活動。官方媒體、電影鏡頭、政府報告都大肆宣揚火蟻殺死了南部的鳥類、牲畜和人類，把牠們描繪成了掠奪者。人類開始了聲勢浩大的計畫，聯邦政府將與深受其害的南方九州聯合，對約8百萬公頃土地展開處理。在一九五八年消滅火蟻的計畫正緊鑼密鼓地開展時，一家商業雜誌興奮地報導說：「農業部開展的大規模害蟲清理計畫逐步增加，美國殺蟲劑生產商將經歷一次銷售熱潮。」

除了「銷售熱潮」的直接受益人外，這項計畫被千夫所指，較之以往任何計畫所受到的責難都有過之而無不及。這是一次想法拙劣、執行力差、有百害而無一利的驚世駭俗之舉，其結果是勞民傷財、殘害生命，還使農業部失去了公眾的信任。然而，令人不解的是，竟然還有源源不斷的資金投入進來。

一些被人嗤之以鼻的說辭，起初卻贏得了國會的支持。他們稱火蟻會破壞農作物，攻擊地面上孵化的幼鳥，進而對南部農業構成嚴重威脅。還有人說，牠們的刺會傷害人類。

這些說法合理嗎？想得到撥款的農業部觀察員所做的聲明與農業部的重要檔案內容並不一致。一九五七年的公報《控制昆蟲、保護莊稼和牲畜——殺蟲劑推薦品牌》中並沒有提到火蟻。如果這份公報確實是農業部出的，這個「疏漏」簡直不可思議。此外，一九五二年農業部出版的昆蟲百科年鑑中，洋洋灑灑地寫了50萬字，卻只有一小段提到了火蟻。

針對農業部所稱火蟻毀壞莊稼、攻擊牲畜的無端指責，阿拉巴馬州農業實驗中心經過仔細研究得出了相反的結論，而這裡的人對火蟻再熟悉不過了。據阿拉巴馬的科學家說：「很少見到火蟻會毀壞植物。」F·S·艾倫特博士（Dr. F. S. Arant）是阿拉巴馬州工學院的昆蟲學家，他在一九六一年開始擔任美國昆蟲協會主席，他說他的部門「在過去五年沒有收到任何火蟻破壞植物的報告……也沒有發現牲畜受其傷害」。這些專家透過實地觀察和實驗室研究得出結論，火蟻主要以其他昆蟲為食，其中很多對人類來說是害蟲。有人觀察到，火蟻會吃掉棉花上的象鼻幼蟲。牠們堆土築巢的行為也會使土壤空氣暢通，有利於排水滲透。密西西比州立大學所做的調查有力地支持了阿拉巴馬州的研究結論，而且遠比農業部的證據更令人信服，因為後者僅僅根據以往經驗或對農民的訪問而得出結論，而農民經常把不同種類的螞蟻搞混。一些昆蟲學家認為，隨著火蟻的數量增加，其生活習性也有所改變，因此幾十年前的觀察結果幾乎沒有任何價值可言。

同樣，火蟻威脅人類健康和生命的觀點也是杜撰的。在一部農業部贊助的宣傳電影中（旨在為計畫爭取支持），圍繞在火蟻叮咬的恐怖鏡頭。誠然，被火蟻刺到很疼，就像當心黃蜂和蜜蜂一樣，人們經常被提醒儘量不要被刺到。個別敏感的人偶爾會發生嚴重反應，醫學文獻中記載了可能是由火蟻毒液引起的一起死亡案例，但是並未得到證實。相較之下，人口統計局僅在一九五九年這一年，就記錄了33人被蜜蜂和黃蜂螫到而死亡。但是，並沒有人建議要「剷除」這些昆蟲。

當地的證據仍是最具說服力的。雖然火蟻已經在阿拉巴馬州生存了四十多年，而且數量最多，但是當地衛生官員稱：「從沒有人類因爲火蟻叮咬而死的記錄。」他認為，火蟻叮咬引起的病例也是「偶然」的。火蟻在草坪或者操場築巢，孩子可能被叮，但這絕不是給數百萬英畝土地噴藥的理由。針對性地處理一些巢穴就可以輕而易舉地解決這些問題。

危害鳥類的言論也是毫無根據的。阿拉巴馬州奧本市野生動物研究中心主任莫里斯・貝克博士（Dr. Maurice F. Baker）在這方面最具發言權，他在這一地區工作多年，經驗豐富。貝克博士的觀點與農業部的看法截然相反。他說：「在阿拉巴馬南部和佛羅里達西北部，我們可以見到很多鳥，而且美洲鶉能與大量的火蟻共存……自阿拉巴馬南部有了火蟻四十年來，鳥的數量穩定增長。如果火蟻嚴重危害野生動物的話，這樣的事是不會發生的。」

用來對付火蟻的殺蟲劑會對野生動物造成什麼影響則是另一個問題。使用的化學品為狄氏劑和七氯，都是新型化學藥劑。這兩種農藥沒有在野外使用過，更沒有人知道大規模噴撒會對鳥類、魚類以及哺乳動物產生什麼影響。當時了解到的資訊就是兩種藥劑的毒性都比DDT強很多倍，而那時，DDT已經使用了將近十年，每英畝一磅的劑量已經毒死了一些鳥類和很多魚類。但是狄氏劑和七氯的用藥量更重，大部分情況下為每英畝2磅（約9百克），如果恰好有白緣甲蟲的話，狄氏劑的施用劑量則是3磅（約1.3公斤）。對於鳥類的毒性來說，七氯的規定劑量相當於每英畝20磅（約9公斤）的DDT，而狄氏劑則相當於每英畝120磅（約54公斤）的DDT！

大多數州環保部門、國家環保機構、生態學者以及一些昆蟲學家都發出了緊急抗議，要求時任農業部長的伊拉斯．本森（Ezra Benson）推遲計畫，至少要先了解七氯和狄氏劑對野生動物和家畜的影響，並掌握控制火蟻所需的最小劑量之後再開展。有關部門完全無視這些抗議，噴藥計畫於一九五八年如期開展。第一年，就有40公頃的土地受到處理。很明顯，此時任何研究都成了馬後炮。

隨著噴藥行動繼續，州和聯邦野生動物機構的生物學家以及一些大學所做的研究逐漸揭示出了真相。根據研究結果，在某些噴藥區域後，野生動物均受到了不同程度的影響，有的甚至滅絕了。很多家禽、牲畜和寵物也被殺死了。農業部以傷亡報告「誇大」和「誤導」為由，對於造成的損失視而不見、充耳不聞。

然而，真相還是逐漸浮出水面。例如在德克薩斯州哈丁郡，噴藥過後，負鼠、犰狳以及大量浣熊幾乎全部消失。即使在噴藥過後的第二年秋天，這些動物也難以見到。發現的幾隻浣熊體內也檢測出了化學物質殘留。

噴藥地區的死鳥一定吸收或吃了對付火蟻的藥劑，對鳥類身體組織的化學分析也證實了這個事實（唯一倖存的是麻雀，其他地區的情況也證明牠們免疫力較強）。在一九五九年，一片噴過藥的阿拉巴馬州的土地上，一半的鳥兒被殺死了。在地面活動或經常在低矮植被間活動的鳥類全部死亡。即使在噴藥一年後，春天還是有鳴禽死亡，很多適合築巢的地區都異常安靜。在德克薩斯州，鳥巢裡發現了死去的烏鶇、美洲雀和草地鷚，很多鳥巢都荒廢著。德克薩斯州、路易斯安那州、阿拉巴馬州、喬治亞州和佛羅里達州發現的死鳥送到魚類和野生動物管理局分析後，發現有90%的鳥類體內含有狄氏劑或七氯殘留，濃度高達38 ppm。

北方繁殖的丘鷸會在路易斯安那過冬，如今牠們體內已經發現了用於火蟻的化學殘留。原因非常明顯，丘鷸一般用長長的喙找食吃，主要以蚯蚓為食。噴藥六到十個月後，在路易斯安那倖存的蚯蚓體內發現七氯的濃度高達20 ppm。一年之後，其濃度殘留仍有10 ppm。丘鷸中毒的後果可以在噴藥四個月後幼鳥和成鳥的比例中看出一些端倪。

山齒鶉的情況最令南方狩獵者苦惱。在噴過藥的地方，在這裡築巢覓食的鳥兒幾乎滅絕。例如，阿拉巴馬州野生動物聯合研究中心的生物學家對預定噴藥的3千6百英畝土地上的鵪鶉做了初步統計，發現該地區有13個鳥群，共121隻鵪鶉。噴藥兩週後，這裡只發現了死去的鵪鶉。所有被送到魚類和野生動物管理局的鵪鶉樣本體內，都檢測出了致死劑量的殺蟲劑。德克薩斯州發生的悲劇就是這裡的翻版，在一片2千5百英畝的土地被噴藥處理後，所有的鵪鶉都死了。而且，除了鵪鶉外，90%的鳴禽也死於非命。牠們的體內都檢測出了七氯殘留。

除了鷓鴣之外，野火雞的數量也因滅蟻計畫嚴重萎縮。在噴撒七氯之前，阿拉巴馬州威爾考克斯郡有80隻野火雞，但是噴藥之後的那年夏天，一隻也找不到了——一隻也沒有，只剩下一窩未孵化的蛋和一隻死了的雛雞。野火雞與家養火雞的命運一樣，在噴藥地區的農場裡，火雞下蛋很少。只有極少的蛋可以孵化，但是幾乎沒有小雞存活。附近未噴藥的地區則沒有出現這種情況。

火雞的命運絕不是個案。國內家喻戶曉、備受尊敬的野生動物學家克萊倫斯·科塔姆博士走訪了一些農戶。農民反映，噴過藥後，所有的小鳥都消失了。除此之外，很多人報告說，自己的牲畜、家禽和寵物也死了。科塔姆博士說：「有個人對噴藥人員特別氣憤。據他反映，他把自家19頭中毒而死的乳牛埋了或者用其他方式處理掉了。他還知道，另外4、5頭牛也是中毒死的。那些出生後只會吃奶的小牛犢也死了。」

科塔姆走訪過的人們，都為接下來幾個月內發生的事情困惑不解。一名婦女告訴他，在噴藥後，她養了幾隻母雞，「但是莫名其妙的是，沒有小雞孵出來或者存活下來。」另一名農夫養了一些豬，「噴藥九個月後，都沒有豬仔出生。小豬仔要麼一下生就是死的，要麼出生後就死了」。另一名養殖戶也報告說，本來預計有250頭豬仔，結果只生了37頭，而且僅有31頭活了下來。另外，噴藥之後，雞再也養不起來了。

農業部一直在否認牲畜損失與滅蟻計畫有關。喬治亞洲斑布里奇的獸醫奧迪斯·

波伊特文（Otis L. Poitevint）曾被請去醫治中毒的動物，由此他認為是殺蟲劑造成了動物的死亡，他的理由總結如下：噴藥兩週或幾個月內，牛、羊、馬、雞、鳥以及其他野生動物都患上了致命的神經系統疾病。然而，這種病只出現在接觸了有毒食物或水源的動物身上，圈養的動物並沒有受到影響。波伊特文以及其他獸醫觀察到的現象，與權威資料中所述狄氏劑或七氯中毒的症狀完全一樣。

波伊特文還描述了一個兩個月大的牛犢七氯中毒的有趣情節。在對牛犢進行了徹底的檢查後，唯一重大的發現是在其脂肪中發現了濃度為79 ppm的七氯。但是，此時噴藥結束已經五個月了。牛犢是吃草中毒，還是喝奶中毒，或者在胚胎裡已經中毒呢？波伊特文博士接著問道：「如果是喝奶中毒的話，爲什麼沒有採取預防措施保護孩子？他們喝的都是當地的牛奶啊！」

他的報告提出了牛奶汙染這一重要議題。滅蟻計畫的主要地區是田野和莊稼地。在這些地方吃草的乳牛狀況如何呢？噴藥地區的草上一定會有某種形式的七氯殘留，如果牛吃了這些草，毒素一定會進入牛奶中。一九五五年，早在防治計畫實行之前，就有實驗證明七氯可以直接侵入牛奶，後來狄氏劑的實驗結果也一樣，而這兩種藥都在滅蟻計畫中派上了用場。

如今，農業部的年刊已經把七氯和狄氏劑列入了不適於產奶和肉食動物飼料用藥的化學品名單。但是，防治部門還是在大片的牧區噴撒了這兩種藥劑。誰敢向消費者保證牛奶裡不會有狄氏劑或七氯的殘留呢？農業部門一定會說，他們已經建議農民把乳牛趕出噴藥區三十到九十天了。考慮到很多農場都很小，而防治規模又如此之大——大多使用飛機作業——這種建議是否得到遵守或者可行都十分可疑。即使從藥物殘留的持久性來看，建議的隔離時間也遠遠不夠。

雖然食品和藥物管理局對牛奶中出現農藥殘留十分不滿，但他們的權力很有限。大部分參與防治計畫內的州，其乳製品行業規模都很小，他們的產品一般都會在州內銷售。因此，保護牛奶供應不受聯邦噴藥計畫的影響就成為州政府的責任了。一九五九年對阿拉巴馬州、路易斯安那州以及德克薩斯州的衛生官員或有關人員所做的調查表明，他們並沒有進行任何檢測，因此牛奶是否受到汙染也不得而知。

與此同時，在滅蟻計畫推行後，人們針對七氯的特性進行了一些研究。或者更確切地說是有人查閱了之前的研究。其實，促使聯邦政府亡羊補牢的事實早在幾年前便已發現了，原本是有機會影響到最初的防控計畫。這就是七氯在動植物組織或土壤中滯留一段時間後，會轉變為另一種毒性更強的物質——環氧七氯。環氧化物一般被形容為風化作用產生的「氧化物」。自一九五二年起，人們就知道這種轉化的可能，當時食品和藥物管理局發現，餵食雌鼠濃度為30 ppm的七氯兩週後，其體內會產生

165ppm的環氧七氯。

一九五九年，這些真相終於從生物學陰暗的角落裡走向了大眾。當時，食品和藥物管理局果斷採取了禁止任何食品含有七氯或其氧化物殘留的措施。這一法令至少暫時阻止了噴藥計畫。雖然農業部要求繼續為滅蟻計畫撥款，但是地方農業顧問不再建議農民使用殺蟲劑，否則的話，他們的農作物可能無法出售。

簡單說來，農業部根本沒有對所使用的農藥做基本的調查就力推噴藥計畫，或者即使調查了，也有意忽視調查結果。他們也沒有提前做研究來確定最小劑量。大劑量噴藥三年後，他們突然在一九五九年把七氯的劑量從每英畝2磅（約9百克）降至1.75磅（約507克）；之後又降到每英畝0.5磅（約226克）；在間隔三到六個月的二次噴藥中均降到了每英畝0.75磅（約113克）。農業部的一名官員解釋道：「一項積極的改進計畫」顯示小劑量使用是有效的。如果在噴藥之前就獲悉這樣的資訊，可以避免大量不必要的損失，也可以節省納稅人的大筆資金。

可能是為了平息越來越多的不滿，從一九五九年開始，農業部為德克薩斯農場主人免費提供藥劑，但是他們要簽一份聲明，如果造成損失，不會追究聯邦、州和當地政府的責任。同一年，阿拉巴馬州政府為化學品帶來的損失深感震驚和憤怒，決定不再為這項計畫撥款。一名當地官員將整個計畫描述為「愚蠢、草率、拙劣的行動，而且這種恣意妄爲是對其他公共和個人權利的公然踐踏」。雖然失去了州政府的財政支援，聯邦資金仍源源不斷地流入阿拉巴馬州——一九六一年，立法機構又被說服，撥了一小筆資金。與此同時，路易斯安那州的農民不願意再接受噴藥計畫了，因為滅蟻藥劑引發了危害甘蔗的昆蟲大量繁殖。更關鍵的是，噴藥計畫沒有任何效果。一九六二年春天，路易斯安那州立大學農業實驗室中心昆蟲研究室的紐森博士（Dr. L. D. Newsom），對這種慘澹場景做了簡要概括：「州和聯邦機構聯合展開的『剷除』火蟻計畫是一次徹底的失敗。現在，路易斯安那州的蟲害面積反而比計畫之前擴大了。」

更理智、妥善的態度似乎已成為趨勢。佛羅里達州政府報告說：「如今佛羅里達州的火蟻比計畫開始前還要多。」因而，他們宣布放棄防治計畫，轉而採取小範圍控制措施。

廉價有效的局部控制方法多年來早已為人們所熟知。火蟻有堆土築巢的習慣，使得單個巢穴處理起來特別容易。用這種方法處理每英畝土地僅需1美元。密西西比農業實驗室中心研製出的耕田機，可以先推平巢穴，然後往裡面直接注入殺蟲劑，它為蟻堆較多、需要機械作業的地區提供了便利。這種方法可以實現90到95%的控制率，每英畝的成本僅0.23美元（約新臺幣7元）。相比之下，農業部大規模的防治計畫每英畝的成本是3.5美元（約新臺幣113元）——費用最高、損失最大，效果還奇差無比。

第11章 超乎想像的後果

地球的汙染不僅僅是大規模的噴藥問題。事實上，對大多數人而言，日復一日、年復一年，與無數小劑量藥劑的直接接觸更令人擔憂。就像水滴石穿一樣，人從生到死的過程中持續與化學品接觸將導致災難性的後果。反覆接觸化學藥劑，即使很輕微，也會使化學毒素在我們體內逐漸積累，導致慢性中毒。沒人能避免與不斷擴散的化學汙染接觸，除非他生活在與世隔絕的地方。普通市民受了商家的引導和蠱惑，不會覺察到身邊的致命物質：實際上，他們可能不知道自己正在使用這些材料。

毒藥時代已經徹底到來，以至於任何人都可以走進一家商店，在不被詢問任何問題的情況下，購買到比隔壁藥房需要簽署「毒藥登記簿」的藥物毒性更強的物質。在任何一家超市調查幾分鐘，足以令最勇敢的顧客膽寒——只要他具備一些所選化學品的基本知識。

如果殺蟲劑上方放上一個骷髏圖案，顧客進入商店的時候就會小心一點。但是，我們所見到的畫面是令人舒適愉快的，一排排殺蟲劑整齊地擺放在貨架上，在走道另一側的貨架上就放著醃菜和橄欖，附近還擺放著洗澡和洗衣服用的肥皂。盛放化學藥劑的玻璃容器很容易被小孩搆到。如果孩子或者大人不小心把容器碰到了地上，農藥很可能會濺到周圍的人而引起中毒，就跟噴藥作業人員一樣會發生抽搐甚至死亡。當然，這些危險會隨著顧客進入他們家裡。比如，一小罐防蛀材料上會用極小的字體來印刷警告，說明本產品高壓填裝，加熱或遇到明火可能會引起爆炸。有一種普通的家用殺蟲劑（包括各種廚房用途在內）叫做氯丹。然而，食品和藥物管理局的首席藥物學家卻宣布，在噴撒了氯丹的屋子裡居住是「非常危險的」。而其他一些家用化學製劑中含有毒性更強的狄氏劑。

在廚房使用化學製劑既吸引人，也很方便。廚房架子上的紙張有白色的，也有其他顏色可供挑選。這種紙可能已經用殺蟲劑浸染過了，而且是正反面都染過。生產廠家會為我們提供一本自助手冊，以指導我們如何滅蟲。我們可以輕而易舉地把狄氏劑噴到搆不著的櫃櫥、房間和腳板的角落和縫隙中去。

如果我們被蚊子、沙蟎或其他害蟲困擾，可以選擇各種乳液、護膚霜和噴劑，灑在衣服上或者塗在身上。儘管我們已經獲知警告這些物質可以溶於清漆、油漆和混合纖維中，卻可能想當然地認為人類皮膚就像銅牆鐵壁，是無法滲透的。為了讓我們滅蟲更加方便，紐約一家專營店推出了袖珍噴霧器，可以放在錢包、沙灘盒、高爾夫球具和漁具裡。

我們可以在地板上塗上一種蠟，以保證殺死所有路過的昆蟲。我們還可以在櫃櫥和衣服袋裡掛上浸過靈丹的布條，或者把布條放進抽屜裡，半年之內就不會有蛀蟲。然而廣告裡沒有提到靈丹是危險的化學品。靈丹電子噴霧劑也沒有說明它的毒性——

僅說這種設備很安全、無異味。實際上，美國醫學會認為靈丹加濕器是一種危險設備，並在他們的刊物上發起了抗議。

農業部在一份家居與園藝刊物上建議人們使用DDT、狄氏劑、氯丹或其他殺蟲劑處理衣物。農業部聲稱，如果噴撒過度，在衣物上留下白色殺蟲劑沉澱的話，可以用刷子刷掉它，卻沒有告訴我們應該在什麼地方刷和怎樣刷。做完所有的事，我們還是以殺蟲劑結束一天的生活，因為我們蓋的毛毯也用狄氏劑浸染過了。

現在，園藝也與超級毒藥密不可分了。在每間五金店、園藝用品店和超市都有成排的殺蟲劑出售，可滿足各種園藝之需。還沒有充分利用這些藥物的人們好像有點怠忽職守了，因為所有報紙的園藝版面和大部分園藝雜誌，都認為使用這些藥劑是理所當然的。

快速致死的有機磷殺蟲劑也被廣泛應用於草坪和觀賞植物。一九六〇年，佛羅里達健康委員會認為，禁止沒有獲得許可、未達要求的任何人在住宅區使用殺蟲劑是必要的。在發布禁令之前，佛羅里達州已經出現了一些巴拉松中毒致死的案例了。

然而，沒有人提醒園藝工人和屋主，他們正在使用極其危險的化學品。相反，市場上接二連三地出現了新設備，使得在草坪和花園裡噴撒藥劑更便捷，同時也增加了園藝工人跟化學品接觸的機率。比如，人們可以在塑膠軟管上外加一個罐裝設備，像氯丹或狄氏劑等危險化學品就可以像灑水一樣噴到草坪上。這樣的設備不僅會危害拿著管子的人，還會危及別人。《紐約時報》認為有必要在其園藝版面上刊登一則注意事項，以提醒人們使用保護裝置，否則毒素會因為反虹吸作用進入供水系統。鑒於噴藥設備的廣泛使用，而相應的警示又是如此匱乏，我們還有必要對公共水源的汙染感到不解嗎？

為了了解園藝工身上會發生什麼事情，我們來看一下這個醫生——一名熱情的業餘園藝師的例子。起初，他在自家的灌木和草坪上使用DDT，後來使用了馬拉松，而且每週都要噴藥。有時候，他會手持噴壺，有時候在塑膠管上加上一個設備。他的皮膚和衣服上總是沾滿藥劑，弄得渾身濕漉漉的。就這樣，大約一年後，他突然病倒住院了。醫生檢查了他的脂肪活體樣本後，發現了23 ppm的DDT殘留。他的神經嚴重受損，主治醫生說可能是永久性的傷害。隨著時間的推移，他變得瘦骨嶙峋、疲憊不堪、肌肉無力，這就是馬拉松中毒的典型症狀。由於這些持續性的嚴重症狀，他已經不能給別人看病了。

除了曾經安全的花園塑膠管外，割草機也安裝了噴藥設備，當屋主割草的時候，這種設備就會噴出一陣陣煙霧。所以，除了具有潛在危險的燃油尾氣之外，空氣中又增添了分布均勻的殺蟲劑顆粒。郊區居民放心大膽地使用這種割草機，大大增加了他腳下的汙染，幾乎超過了任何一座城市汙染的程度。

然而，沒有人提出園藝或居家使用殺蟲劑的危害——標籤上的字體小到難以辨認，很少有人去看，或者照做。最近，一家公司做了一些調查，希望確認一下多少人會看說明。他們的調查結果顯示，使用殺蟲劑噴霧或噴劑的人，會看包裝警告的不超過15人。

現在的郊區居民有一種習慣，就是不惜一切代價剷除馬唐草。旨在消滅這種討厭植物的袋裝化學品幾乎成了某種地位的象徵。單從各種除草劑的品牌名稱上根本看不出它們的種類和特性。要想知道它們的成分，你必須仔細尋找包裝邊緣的小號字體。五金店或園藝用品店裡的產品說明書，很少涉及這些化學品處理和使用過程中的危害。相反，這類產品典型的說明書呈現的是歡樂的場面，爸爸和兒子笑著準備給草坪噴藥，孩子和小狗在草地上歡快地打滾兒。

食品中的化學殘留是一個熱門問題。藥物殘留問題要麼被工廠輕描淡寫地蒙混過關，要麼遭到斷然否認。同時，有一種強烈的傾向，給那些「無理取鬧」地要求食物不准使用殺蟲劑的人們，扣上「激進分子」或者「邪教暴徒」的帽子。在這些爭論的迷霧中，真相到底是什麼樣的呢？

醫學已經證實，在DDT到來之前（一九四二年）出生或者死亡的人體內，是不含DDT及其類似藥劑的。正如第3章所提到的，從一九五四年到一九五六年提取的人類脂肪樣品中，含有濃度為5.3到7.4 ppm的DDT。已有證據表明，DDT殘留的平均水準已經穩步上升到了新的數值，而那些因職業或者其他特殊因素較常接觸殺蟲劑的人群體內殘留濃度更高。

沒有直接接觸殺蟲劑的人們，其體內脂肪的DDT可能來自於食物。為了驗證這個假設，美國公共衛生署的一個科學工作組對飯店和食堂的食物進行了調查。結果每種食品都含有DDT。由此，調查者有充足的理由相信：「幾乎沒有完全不含DDT的食物。」

在這些飯菜中，DDT的含量可能很高。在公共衛生署的一項獨立研究中，對監獄飯菜的分析說明，像燉乾果這類飯菜中的DDT濃度為69.6 ppm，麵包裡的DDT濃度為100.9 ppm！在普通家庭的飲食中，肉類和動物脂肪製品的氯代烷含量最高。因為這些化學毒素溶解於脂肪。水果和蔬菜的殘留相對較少。如果有殘留的話無法洗掉，唯一的辦法就是剝去萵苣、高麗菜這類蔬菜外層的葉子，然後扔掉；要是水果的話，就要削去外皮，果皮和外殼也要丟掉。烹煮也無法破壞或分解藥物殘留的。

食品和藥物管理局規定牛奶等幾種食品中禁止含有殺蟲劑殘留。但實際上，只要檢驗後必定會發現殘留，尤以奶油和其他乳製品殘留最高。一九六〇年，檢測人員對

461種這類產品檢測後發現，三分之一都有藥物殘留。對此，食品和藥物管理局表示情況「很不樂觀」。

如果想要找到不含DDT及其相關化學品的食物，必須去到遙遠偏僻、簡單原始，尚無發達設施的地方。這種地方雖然極少，但還是有的，比如阿拉斯加的北極沿海地帶——只是即使在這裡，也能發現汙染正悄悄逼近。科學家發現，當地愛斯基摩人的本地食物中不含殺蟲劑。鮮魚、魚乾、脂肪、油脂，以及來自海狸、白鯨、馴鹿、髯海豹、麋鹿、北極熊、海象的肉，和蔓越橘、懸鉤子和野大黃等，一切都沒有受到汙染。唯一例外的是，來自波因特霍普的2隻白貓頭鷹體內含有少量的DDT，可能是牠們在遷徙的過程中攝入的。

對一些愛斯基摩人身體脂肪取樣檢查後，卻發現了少量的DDT殘留（0到1.9 ppm之間）。原因很明顯，脂肪樣品取自那些離開居住地前往安克雷奇市美國公共衛生署醫院做手術的人們。在那裡，到處充斥著現代文明的生活方式，醫院的食物含有的DDT與人口稠密的城市不相上下，短暫停留也會得到這些毒素贈品。

我們吃的每頓飯都有一定程度的氯代烷，這是不可避免的，因為對農作物鋪天蓋地的噴藥和撒藥粉必然會導致這樣的結果。假如農民嚴格按照用藥說明來使用，藥物殘留一般不會超出規定範圍，暫且不論殘留標準安全與否，明顯的是，農民的用藥量經常會超出規定很多，他們還會在臨近收穫的時候噴藥，即便只需要噴撒一種，他們還是會使用多種藥劑，也懶得看用藥說明。

那些化工企業也發現了殺蟲劑經常誤用的情況，他們認為有必要對農民進行培訓。業內一份主要刊物近來就宣布：「很多用户不知道，如果超量用藥，農藥會超過他們的承受極限。農户『心血來潮』的結果就是隨意地把殺蟲劑大量噴撒在農作物上。」

食品和藥物管理局的檔案裡有很多類似的例子。一些案例能形象地描繪出農民對使用說明的漠視：生菜就要收穫的時候，一名農民在地裡使用了8種不同的殺蟲劑；一名運貨商在一批芹菜上使用多於5倍最大劑量的巴拉松；儘管藥物殘留受到禁止，種植戶仍在生菜上使用了異狄氏劑（毒性最強的氯代烷）；菠菜成熟前一週又被噴撒了DDT。

也有一些汙染是偶然和意外引起的。例如，一艘輪船上用麻袋裝著的綠咖啡被汙染了，原因是這條船上還裝有一批殺蟲劑。倉庫裡密封好的食品可能受到DDT、靈丹以及其他殺蟲劑的汙染，因為殺蟲劑懸浮顆粒會穿透包裝材料，從而大量進入包裝食品。食品儲藏時間越久，受汙染的可能性就越大。

有人會問：「難道政府不會保護我們免受其害嗎？」答案是：「除非萬不得已。」

食品和藥物管理局在保護人民安全方面受到兩個因素的限制。第一個是，該局只對州際交易的食品擁有管轄權；州內生產和銷售的食品不在其管轄範圍，因而它對於此類違法行為有心無力。第二個關鍵的原因是，該局的監察人員太少，只有不到6百人。據食品和藥物管理局的一名官員說，在現有設備下，只有很小一部分（不到1%）的州際農產品貿易能夠得到檢查，但這在統計學上沒有任何意義。至於州內食品的生產和銷售，狀況就更加糟糕了，因為大部分州在這方面的法律殘缺不全。

食品和藥物管理局制定的汙染管理體系具有明顯的缺陷，因為它設置「最大允許限度」。在當前條件下，它只是一紙空文，並造成了假象——安全限度已經確立並得到有效執行。至於允許食品中含有少量的藥物殘留——這一點，引起了很多人的反對，因為他們有充足的理由相信，有毒素就不安全，人們更不需要毒素。為了設定一個最大限度，食品和藥物管理局會查閱動物的藥物試驗，進而確立汙染最大值，這一數值要遠低於實驗動物發病的劑量。這一系統看似能夠保證安全，實則忽略了很多重要的因素。實驗動物是在人為控制下攝入一定量化學品的，而人類與化學品的接觸則是重複的，並且大部分情況皆是未知，即無法測量，也不可控制。即使宴會上的沙拉生菜含有7 ppm的DDT是安全的，這頓飯還包括其他食物，每一種都帶有一點殘留。而且，如我們所知，食物中的殺蟲劑只是人類接觸到的化學品的一小部分。從各種管道獲取的化學物質疊加在一起，所以人的接觸總量無法估算。因此，單獨討論某種藥物殘留的「安全性」沒有任何意義。

另外還存在一些問題。有時候，最大限度是在背離食品和藥物管理局科學家的正確判斷下制定的（後文會提到相關案例），或是在缺乏對某種化學品認識的情況下確定的。之後由於得到了更準確的資訊，會減少限值或者將其撤銷，但此時，公眾已經被迫接觸危險劑量的化學品幾個月或幾年。之前就有一個七氯限值被取消。有些化學品甚至沒有進行野外實驗，就開始登記使用。所以，檢查人員很難發現它們的殘留。這一問題嚴重阻礙了蔓越橘藥劑「3 －氨基－ 1,2,4 －三氮唑」的檢測。用來處理種子的殺菌劑也缺少分析方法——如果這些種子在播種期間用不完的話，很可能會擺上人們的餐桌。

實際上，確立限值就意味著允許公共食品使用有毒化學品來降低農民和加工企業的生產成本；而消費者只好照章納稅，養活監察機構來保證自己不會中毒而死。但是鑒於目前農藥的施用量和毒性，做到位需要投入很大的資金，任何議員都不敢撥付如此巨額的款項。最後，不幸的消費者雖然繳納了稅費，但是面對的毒藥絲毫不減。

有解決的辦法嗎？首先要做的就是，廢除氯代烷、有機磷以及其他強毒化學品的最大限值。但是會有人立即跳出來反對，說這會加重農民的負擔。如果能把各種水果和蔬菜上的DDT殘留成功地控制在7 ppm，把巴拉松殘留控制在1 ppm，或者把狄氏劑殘留控制在0.1 ppm，為什麼不再加把勁完全消除殘留呢？實際上，有些農作物就不允許出現某些化學品殘留，例如七氯、異狄氏劑、狄氏劑等。如果這些能夠實現的話，為什麼不擴展至所有的作物呢？

但是這還不是完整的或最終的解決方案，因為紙面上的零容忍沒有任何意義。目前，正如我們所知，超過99%的州際食品運輸可以避開檢查。所以，我們迫切期待食品和藥物管理局提高警惕、積極進取，並擴充檢查隊伍。

故意在我們的食物下毒，然後再進行監管的這個社會體系，不由得使人想起了路易斯·卡羅爾的《愛麗絲鏡中奇緣》（*Through the Looking-Glass*）中的白衣騎士，他「盤算著把自個鬍鬚染綠，再用把大扇子遮蔽它們」。我們得到的最終答案就是儘量減少使用有毒化學品，以減少誤用導致的公共威脅。現在，這些安全的物質已經存在了，比如除蟲菊精（pyrethrin）、魚藤酮（rotenone）、魚尼丁（ryania）以及其他取自植物的化學物質。最近，已經研製出了除蟲菊精的人工合成替代品。只要有需要，一些國家已經準備好提高這種天然產品的產量了。

而我們也迫切需要商家在銷售時向公眾講授化學品的特性。因為一般消費者會被各種殺蟲劑、殺菌劑和除草劑弄得暈頭轉向，不知道哪種是致命的，哪種又是相對安全的。

除了利用危險性更小的農藥外，我們還應努力探索非化學方法的可能性。目前，加利福尼亞正在嘗試一種新方法，利用某種昆蟲的特定細菌引起發病，以用於農業蟲害防治。這種方法的廣泛實驗正在進行之中。除此之外，還有很多有效的防治方法不至於在食物中留下毒素（第17章）。在這些方法得到廣泛關注之前，我們依然無法擺脫這種從任何常識標準下看來，都無法容忍的局面。照目前的形勢看來，我們的處境危機重重，比波吉亞家的客人強不到哪兒去。

第12章 人類的代價

The Human Price

工業時代產生的化學品異軍突起，狂潮般地吞噬著我們的環境，而嚴重的公衛問題也在本質上發生巨大變化。就在昨天人類還在為天花、霍亂和鼠疫的肆虐而驚恐不已，如今，我們主要關心的不再是這些無所不在的細菌病毒；衛生、更好的生活條件以及新型藥物完全操控於我們的掌心之中。今天，我們擔心的是隱藏在環境中的另一種危害——它是隨著我們生活方式的現代化而被人類引入這個世界的。

新環境下的健康問題可謂紛繁複雜：有輻射引起的，也有包括殺蟲劑在內的化學品無盡大潮所引發的問題，這些化學品已經遍及我們生活的世界了，它們直接或間接、單獨或集體地毒害我們。化學品的出現給我們投下了不祥的陰影，因為它們無影無形、十分隱蔽，它足以令人不寒而慄，而我們一生卻都將暴露於這些化學物質和其物理媒介之中，這些有毒物質本就不屬於我們的生理過程，後果不堪設想。

美國公共衛生署的大衛．普萊斯博士（David Price）說：「我們一直生活在恐懼之中，擔心什麼事物會毀滅我們的環境，使我們遭受恐龍一樣的厄運。更讓人擔憂的是，可能在症狀出現二十多年以前，我們的命運就已經被判決了。」

在環境性疾病的畫面中，殺蟲劑置身何處呢？我們已經看到化學品汙染了土壤、水和食物，它們的火力足以殺死河裡的魚兒，並讓花園和森林中的鳥兒消失。儘管人類喜歡裝作與自然毫不相干，但我們確實是自然的一部分。如今，汙染遍及全球，我們能置身其外嗎？

我們知道，如果劑量足夠大，即使只接觸一次，也可能會導致急性中毒。但這還不是主要問題。農民、噴藥人員、飛行員以及其他大量接觸殺蟲劑的人們突然生病或死亡，都是本不該發生的悲劇。對於全體人類而言，殺蟲劑正悄悄汙染環境，人類少量吸收後的延遲效應，才應該是我們關注的重點。

一些認真負責的公共衛生官員指出，化學品的生物效應是長時間積累的，對個人的傷害取決於他一生的接觸量。正是因為這種原因，它的危險很容易被人忽視。對於未來的災難尚不明朗，人類會本能地聳聳肩，表示這無關緊要。明智的醫師勒內·杜博斯博士（René Dubos）說：「人類本能地重視有明顯症狀的疾病，但是一些最危險的敵人會悄悄地逼近我們。」

就像密西根州的知更鳥或米拉米奇河中的鮭魚一樣，對於我們每個人來說，這是相互關聯、彼此依賴的生態問題。我們消滅了河流附近的石蛾，也毒死了河中的鮭魚；我們殺死了湖中的蟲子，但是毒素會透過食物鏈傳遞，最後毒死湖邊的鳥；在榆樹上噴了藥，第二年春天就聽不見知更鳥的歌聲了。不是因為我們直接把藥物噴向知更鳥，而是毒素沿著樹葉—蚯蚓—知更鳥的迴圈一步步傳遞。這些事件都有案可查，就發生在我們眼皮底下，所展示的一張大網——死亡之網——科學家稱之為生態。

我們的體內也存在一個生態世界。在這個看不見的世界裡，極小的誘因也會導致嚴重的後果，更糟糕的是，病症卻看似與誘因無關，因為它會出現在遠離受傷的部位。近來一份醫學研究現狀總結道：「某個部位的變化，甚至一個分子的變化，都可能會影響整個系統，並引起不相關的器官或組織發生病變。」如果我們關注一下人體神奇的功能，就會發現因果關係並不那麼簡單，也不容易證明。它們可能在時空上相距很遠。想要找出造成疾病與死亡的原因，需要人們將很多個別的事實拼接起來才能發現，而這些結果是需要從各個領域進行大量研究才能得出。

我們習慣於尋找明顯而直接的影響，而忽略其他。除非爆發突然且明顯的症狀，否則我們不會承認存在危險。即使研究人員也缺乏檢測損害源頭的方法。如果沒有症狀，我們就沒辦法檢測出損傷，這也是醫學界尚未解決的一大問題。

有人會反駁：「但是我也經常在草坪上噴撒狄氏劑，我卻沒有出現像世界衛生組織噴藥人員那樣的抽搐症狀——所以，我沒受到傷害。」事情並非如此簡單。儘管沒有突發劇烈的症狀，但凡接觸過狄氏劑的人還是會在體內積蓄毒素。如我們所知，氯代烷殘留都是從最小的攝入量開始慢慢積累的。毒素會儲存在人的脂肪中，一旦消耗這些脂肪，毒素便可能會迅速出擊。紐西蘭一家醫學雜誌最近提供了一個例子。一個正在治療肥胖的人突然出現了中毒症狀。檢查發現，他的脂肪裡含有狄氏劑，在他減肥的過程中，這些毒素被代謝了。還有因疾病而變瘦的人也存在同樣的風險。

另一方面，毒素蓄積的後果可能會更加隱蔽。幾年前，美國醫學會的期刊對脂肪組織中殺蟲劑的危害發出了警告，並指出，與可以代謝的物質相比，蓄積性的藥物和化學品更需要被謹慎對待。我們接到警告，脂肪組織不僅僅儲存脂肪（約占體重的18%），還具有重要的功能，而蓄積的毒素會干擾這些功能。此外，脂肪也廣泛分布於人體的各個器官和組織，甚至是細胞膜的組成部分。殺蟲劑在細胞中積累，干擾氧化過程和能量供應機制。認識到這一點很重要，下一章再詳述這個問題。

關於氯代烷殺蟲劑最重要的一點就是它們對肝臟的影響。在人體的所有器官中，肝臟是最特別的。肝臟功能的多樣性和必要性無可替代。很多重要的機體活動都是由肝臟控制，因而即使受到極小的損害，也會引起嚴重的後果。它不僅為消化脂肪提供膽汁，而且由於所處位置和各種管道的匯聚，肝臟能夠直接得到來自消化道的血液，並深度參與所有食物的新陳代謝。它以肝糖的形式儲存醣分，並精確地釋放出葡萄糖，以確保人體血糖處於正常水準。它還會合成蛋白質，包括一些凝血血漿的重要成分。它使血漿中的膽固醇保持在合理的範圍，當雄性激素和雌性激素超過正常水準時，會使它們鈍化。它還儲存著很多維生素，其中一些會維持肝臟的正常工作。

失去了正常的肝臟，人體就會繳械——因為無法抵抗各種入侵的毒素。其中一些毒素是新陳代謝的副產品，肝臟可以行去氮作用快速有效地處理；肝臟還可以把外來物質的毒素化解。「無害的」殺蟲劑馬拉松和甲氧氯毒性相對較小，原因就是肝臟裡的酶將它們的分子轉化了，從而削弱了它們的毒性。我們接觸的大部分有毒物質都會被肝臟以同樣的方式處理掉。

但是現在，我們的各種毒素防線已經被削弱，並逐漸走向崩潰。損傷的肝臟不僅不能保護我們免受毒素的侵擾，而且其大部分功能還會發生紊亂。這樣，產生的後果不僅影響深遠，加上它的形式變化多端、間隔期長，人們很難追溯到真正的原因。

損傷肝臟的殺蟲劑被廣泛使用，因此有必要注意自一九五〇年代以來肝炎患者的數量急劇增加的現象。據說肝硬化患者也在不斷增加。與實驗動物相比，在人類身上證明原因A會產生病症B是比較困難的，但是常識告訴我們，肝臟疾病快速增加與殺蟲劑盛行不無關係。且不管氯代烷類產品是否為主要原因，把我們自己暴露在損傷肝臟並可能削弱其抵抗力的藥物之下，顯然是不明智的。

儘管方式不同，兩種主要的殺蟲劑氯代烷和有機磷都可以直接影響神經系統。這一點已經被大量的動物實驗和人體觀察所證實。廣泛使用的首批新型有機殺蟲劑DDT主要影響人類的神經系統，小腦和高級運動皮質層亦會受到主要影響。據一本毒理學標準教材記載，接觸大量的DDT後會產生刺痛、灼燒、瘙癢、顫抖甚至抽搐等症狀。

我們對DDT急性中毒症狀的首次認識是幾名英國研究人員提供的。為了研究DDT的中毒後果，他們故意接觸了DDT。英國皇家海軍生理實驗室的兩位科學家，直接接觸牆面上的水溶性油漆使皮膚吸收了DDT，油漆中含有2%的DDT，並在上面覆蓋了一層油膜。在他們對症狀的詳盡描述中，毒素對神經系統的直接作用一覽無餘：「疲勞、沉重、四肢疼痛，精神極度痛苦……煩躁不堪……什麼也不想幹，大腦連最簡單的事也無法處理。關節還會不時地劇烈疼痛。」

另一名英國實驗者把含有DDT的丙酮溶液塗在了自己的皮膚上。他的實驗報告中說，感到四肢疼痛、肌肉無力，還出現了神經緊張性痙攣。他休息了一天，情況有所好轉，但復工後又惡化了。然後，他不得不在床上躺了三週，期間四肢疼痛、失眠、神經緊張、極度焦慮。有時候，他渾身顫抖——就像我們習以為常的鳥類DDT中毒症狀一樣。這位實驗員整整十個星期沒能工作，年底他的實驗被一家醫學雜誌報導時，他還沒有完全康復（儘管證據確鑿，幾名美國研究人員還是把參加DDT實驗志願者的頭疼和「每個骨頭都疼」的症狀歸結為「精神神經症」）。

如今，有案可尋的多起案例其症狀和中毒過程都指向了致病元兇——殺蟲劑。通常，這些患者都明確接觸過某種殺蟲劑，經過治療後症狀有所緩解，包括杜絕與生活環境中的任何殺蟲劑接觸，但只要再次接觸類似的化學品，病情就會復發。這些證據可以作為其他病症藥物治療的依據。

這些事例足以警示我們，冒著「預期風險」把我們的環境浸泡在殺蟲劑中是多麼愚蠢。為什麼處理和使用殺蟲劑的人們沒有表現出同樣的症狀呢？這就要看個人的敏感程度。有證據顯示，女人比男人敏感，孩子比大人敏感，久坐室內的人比戶外工作或經常鍛煉的人敏感。除此之外，還有一些無法解釋、難以察覺的區別。有些對粉塵、花粉、某種藥物過敏，或者容易受某種傳染病影響，而其他人卻不會這樣，這種現象目前還沒有得到合理的解釋。但這個現象是真實存在的，而且影響了很多人。一些醫生估計，有三分之一或者更多病人出現過過敏症狀，而且數量還在增加。事實上，一些醫學人員認為，間歇性地接觸化學品可能會導致過敏。如果這是真的，那麼就可以解釋，為什麼因工作持續接觸化學品的人很少出現中毒症狀。由於頻繁接觸化學品，這些人已經不再過敏，就像醫生給過敏症病人反覆注射過敏源而使之產生抗過敏一樣。

人類不像嚴格控制下的實驗室動物，面對的不僅是某一種藥物，因此殺蟲劑中毒問題就變得十分複雜了。在不同類別的殺蟲劑之間，在殺蟲劑和其他化學品之間，都可能發生化學反應，從而造成嚴重的後果。無論是進入土壤、水還是人類的血液，這些不相關的化學品不會保持相互隔離的狀態；它們之間會發生神奇且看不見的變化，一種化學品會改變另一種的特性，產生新的毒害作用。

甚至在某些情況下，相互獨立的兩種殺蟲劑也會發生反應。如果先接觸了氯代烷，使肝臟受到損害，有機磷（破壞保護神經的膽鹼酯酶的元兇）的毒性會增強。這是因為肝臟功能受到影響，膽鹼酯酶會低於正常水準。這就增強了有機磷的抑制作用，導致急性中毒。如我們所知，成對的有機磷相互作用，會使它們的毒性增強百倍。有機磷還可能與各種藥物、合成材料、食品添加劑發生作用。而這個世界充斥著各種合成材料，除此之外，誰能告訴我們還有些什麼呢？

一種本來無害的化學品會因為另一種化學品的作用而發生巨變，DDT的一個近親甲氧氯就是很好的例子（實際上，甲氧氯並不像人們想像得那樣安全，近來的動物實驗證明它會直接影響子宮，並阻礙腦垂體激素。這就提醒我們，這些化學品有極大生物效應。其他研究則顯示，甲氧氯可能損害腎臟）。單純與甲氧氯接觸不會在體內大量積蓄，所以人們才會認為這是安全無害的化學品。但這並不完全正確。如果肝臟受到了另一種化學物質損害，甲氧氯在體內的積蓄就會增加百倍，進而像DDT一樣持久地影響神經系統。但是，造成這種後果的肝臟損傷極其細微，難以覺察。

其他常見的情況也會造成肝臟損傷：使用另一種殺蟲劑、使用含有四氯化碳的清潔劑，或服用某種鎮定藥等。大部分（但不是所有）鎮靜劑是氯代烷類化學品，有可能會傷害肝臟。

對神經系統的損傷並不局限於急性中毒，可能還會有後遺症。甲氧氯等化學藥劑對大腦和神經系統的長期損害早就見諸於報。除了急性中毒外，狄氏劑還會留下各種後遺症，比如「健忘、失眠、夢魘、狂躁」等。根據一些醫學發現，靈丹會在大腦和正常的肝臟組織中積蓄，誘發「對中樞神經系統的深遠影響」。然而，這種六氯聯苯的化學物質廣泛應用於各種加濕器。這種裝置在家庭、辦公室和餐館噴出陣陣殺蟲劑噴霧。

一般認為有機磷殺蟲劑只與急性中毒症狀有關，但它也能對神經組織造成永久性損傷，而且最近的研究發現，它還可能誘發精神疾病。這類殺蟲劑已經造成了多例麻痹後遺症。大約在一九三〇年，美國禁酒期間，一件怪事預示著接踵而至的麻煩。其誘因並不是殺蟲劑，而是隸屬於有機磷殺蟲劑的一種化學物質。那時候，為了規避禁酒法令，人們不得不用一些藥物取代烈酒。其中就有一種「牙買加生薑提取物」的替代品。但是，在美國藥用產品非常昂貴，於是私酒商就想了一個法子，就是用薑汁代替白酒。他們做得相當成功，假冒產品通過了化學檢測，也騙過了政府部門的藥劑師。為了讓薑汁的味道更像酒，他們添加了叫做磷酸三甲苯酯的化學品。這種藥物跟巴拉松及其同類化學品一樣，能夠破壞膽鹼酯酶。私酒商的這些產品使1萬5千人的腿部肌肉永久性萎縮而癱瘓，現在這種病症被稱作「薑癱」（ginger paralysis）。伴隨著癱瘓的還有神經鞘損傷和脊髓前角細胞退化。

正如我們所見到的，大約二十年後，有機磷殺蟲劑開始湧現，而類似「薑癱」的病例也接二連三地不斷出現。其中一名患者是德國的溫室工人，在使用巴拉松後，他出現了幾次輕微的中毒症狀，幾個月後便癱瘓了。然後，有3個化工廠工人因為接觸同類化學品而出現了急性中毒。經過治療，他們都恢復了，但是十天後，其中二人出現了腿部肌肉無力的症狀。一個人的症狀持續了十個月；而另一名女性化學家的病情更嚴重，她的雙腿、雙手以及胳膊都出現了麻痹症狀。兩年後，當一家醫學雜誌報導她的情況時，她仍然不能行走。

導致這些病例的殺蟲劑已經從市場上撤回了，但是仍在使用的一些化學品可能還會造成類似的傷害。實驗證明，馬拉松（園藝工人的最愛）會引發雞隻出現肌肉無力現象（跟薑癱一樣）。這也是坐骨神經鞘和脊髓神經鞘遭破壞所引起的。

如果倖存下來，這些中毒症狀可能僅是前奏而已。鑒於它們對神經系統的嚴重損害，這些殺蟲劑不可避免地與精神病聯繫起來。最近，墨爾本大學和普林斯亨利醫院的研究員揭示了這種聯繫，他們共報告了16例精神病例。這些患者都曾經長期接觸有機磷殺蟲劑。其中有3人是檢查噴藥效果的化學家；8人在溫室工作；其餘5人是農場工人。他們的症狀為記憶減退、精神分裂和抑鬱反應等。之前，這些人都很正常，他們手中的化學品卻殺了個回馬槍，將他們放倒了。

如我們所知，類似的病例在各種醫學文獻中隨處可見，有的與氯代烷有關，有的與有機磷有關。暫時遏制昆蟲的代價實在過於昂貴——頭腦混亂、出現幻覺、記憶減退、狂躁不安——只要我們堅持使用這些直接攻擊神經系統的化學品，這種代價就會永遠強加在我們身上。

第13章

小窗之外

Through a Narrow Window

生物學家喬治·瓦爾德（George Wald）曾經把自己的研究專題——眼睛的視覺色素稱作「一個狹小的窗户，從遠處看，只能看到一絲亮光。你離它越近的話，你的視野就會越廣闊，直到最後你貼近窗户之際，整個宇宙就會映入你的眼簾」。

的確如此，我們應該首先關注人體自身的細胞，然後是細胞內的微小結構，最後聚焦結構內分子之間的重要作用——只有這樣做，我們才能理解隨意將外界化學品引入人體環境而產生的深遠影響。醫學研究最近才開始關注單個細胞產生能量的功能，這些能量對維持生命不可或缺。人體的能量產生機制是根本，不僅對於健康，而且對於生命也一樣——它的重要性超過了最重要的器官，因為如果沒有有效產生能量的氧化過程，身體就會失去所有的功能。然而，用來對付昆蟲、齧齒類動物、雜草的化學品特性卻可能會直接攻擊這套系統，干擾這種完美的機制。

生物學和生物化學引人注目的優秀成果之一，就是幫我們打開了認識細胞氧化的大門。做出貢獻的研究者中，很多是諾貝爾獎的獲獎者。在前人研究的基礎上，這項工作又一步步地走了二、三十年的時間。即便如此，也還有很多細節沒有完成。而且，我們是在過去十年內才把各項零散的研究整合到一起的，使得生物氧化成了生物學家常識的一部分。更重要的是，一九五〇年以前，接受基本訓練的醫務人員並沒有機會了解它的重要性，以及破壞這個過程的後果。

產生能量的重要工作並不是在哪個器官中完成的，而是在全身的細胞中進行的。一個活的細胞就像一團火焰，消耗燃料來為身體提供能量。這一類比詩意有餘，但精確不足，因為細胞「燃燒」是在身體的正常溫度下進行的。然而，正是億萬個細細燃燒的小火苗啟動了能量開關。化學家尤金·拉比諾維奇（Eugene Rabinowitch）說：「一旦牠們停止燃燒，心臟就會停止，植物就不能抗拒重力向上生長，變形蟲變得不會游泳，神經失去知覺，大腦中不會再有思想閃過。」

細胞中物質轉化成能量是個連續不斷的過程，就像永不停歇的蒸汽輪般，是自然循環更新的一種。碳水化合物以葡萄糖的形式一粒又一粒、一個分子又一個分子地進入這個輪子；在循環過程中，燃料分子會發生斷裂和一系列細微的化學變化。這些變化都是有序進行的，一步接一步，每一步都由一種酶指引和控制，各司其職。每一步產生能量的同時也會形成廢物（二氧化碳和水），經轉化的燃料分子會進入下一階段。當這個輪子轉完一圈後，燃料分子已經被分解得差不多了，並準備與新的分子結合，然後開始新一輪的循環。

細胞就像化工廠一樣，牠們的作用過程是生命世界的奇跡。這些工作機制都極其微小，更平添了幾分神祕。除了極少數幾種外，細胞都很小，只有用顯微鏡才能看得到。但是，氧化過程是在一個更小的地方完成的，這個小顆粒就是細胞內的粒線體。

雖然人們已經知道這種粒線體有六十多年了，但是過去牠們都被當作未知的細胞元素，也不認為有什麼重要作用。直到一九五〇年代，這一領域的研究才變得生機盎然、富有成果；牠們突然變得引人矚目了，五年內光這一課題就發表了1千篇論文。

在解開粒線體謎團的過程中，人類表現出來的非凡創造力和耐心值得敬畏。想像一下，如此微小的顆粒，即使在顯微鏡下放大3百倍也看不到。試想一下，什麼樣的技術才能剝離這種顆粒，並將其拆分，然後分析其結構，最終確定牠們極其複雜的功能？可喜的是，這一切都在電子顯微鏡和生化學家高超的技術下實現了。

現在已真相大白，粒線體就是一小包一小包的酶。包含氧化循環所需的酶在內，種類繁多，精確有序地排列在粒腺體的壁和隔膜上。粒線體就像一個個「動力室」，大多數產生能量的反應過程都在這裡發生。氧化的初步環節在細胞質完成後，燃料分子就進入了粒線體。氧化過程就是在這裡完成的，巨大的能量也是從這裡釋放的。

如果不是為了如此重要的結果，粒線體中為了氧化作用而不停運轉的輪子就失去了意義。氧化循環每一階段產生的能量都包含在被生化學家稱為ATP（三磷酸腺苷）的物質中，這是一種包含三組磷酸鹽的分子。ATP之所以能提供能量，是因為它可以將其中一組磷酸鹽轉化為其他物質，在釋放能量的過程中，大量電子來回穿梭，高速運動。就這樣，在肌肉細胞中，當把磷酸鹽運送到肌肉時，就產生了收縮力量。另一個循環接著開始了——一環套一環：ATP分子失去1組磷酸鹽，保留2組，生成ADP（二磷酸腺苷）。但是隨著輪子繼續轉動，另1組磷酸鹽會補充進來，於是ATP得到恢復。就像我們所使用的蓄電池一樣：ATP是充飽的電池，ADP是放空的電池。

從微生物到人類，ATP為所有生物提供能量。它為肌肉細胞提供機械能，也可以為神經細胞提供電能。不僅這些，ATP還為精子細胞、即將變為青蛙、鳥或嬰兒等劇烈變化中的卵細胞以及荷爾蒙的細胞提供能量。ATP的一部分能量會在粒線體中消耗，但是大部分能量會立即輸送到細胞，為其活動提供能量。粒線體在細胞中的位置最有利於發揮牠們的功能，因為在這個位置能保證將能量精確送至目的地。在肌肉細胞中，牠們聚集在收縮纖維的周圍；在神經細胞中，牠們處於細胞間的結合點，為神經衝動提供能量；在精子細胞中，牠們彙聚在推進尾與頭部連接的地方。

氧化過程中的「耦合」就是充電過程，期間ADP和1組自由的磷酸鹽結合成ATP——這種緊密連接叫做耦聯磷酸化。如果結合變不成耦合，就不會產生可用的能量。呼吸還在進行，但是不會有能量產生。細胞就會變成賽車發動機，只能產生熱量，不會釋放能量。這樣的話，肌肉就無法收縮，也不能傳遞神經衝動了。精子到不了目的地，受精卵便很難完成複雜的分化和發育。非耦合的後果對從胚胎到成人的所有生物都是一場災難：可能導致組織或者生物體死亡。

非耦合是怎麼發生的呢？輻射是其中的一個因素。有人認為，受到輻射的細胞就是這樣死亡的。不幸的是，很多化學品也具有阻止氧化過程中產生能量的能力，殺蟲劑和除草劑就名列其中。如我們所知，苯酚對新陳代謝影響巨大，它可能會導致體溫升高到致命的程度；這就是「賽車發動機」非耦合的結果。二硝基酚和五氯苯酚是這類化學品的代表，牠們廣泛用作除草劑。另一種非耦合化學品是2,4-D。在氯代烷中，DDT被證明是非耦合藥物，隨著進一步的研究可能會發現此類化學品中其他的非耦合產品。

但是，非耦合並不是澆滅億萬細胞小火苗的唯一因素。我們已經知道，氧化的每個階段都是由一種特殊的酶控制和推進。如果這些酶遭到破壞或削弱，細胞內的氧化循環就會停止。無論哪種酶受到影響，後果都是一樣的。氧化過程就像一個不停轉動的輪子，如果在輻條中間塞進一根鐵撬，無論塞在何處，輪子都會停止轉動。同樣，如果破壞了氧化過程中的一種酶，整個過程就會中止。因此不會有能量產出，這與非耦合非常相似。

大量的殺蟲劑中的任何一種都能充當這個鐵撬。DDT、甲氧氯、馬拉松、吩噻嗪以及各種二硝基化合物都能抑制氧化循環的一種或多種酶。因此，這些藥劑可能阻礙能量生產的過程，並造成細胞缺氧。這種損傷會帶來很多災難性的後果，我們只能列舉一二。

下一章將會講到，實驗人員僅靠抑制氧氣供應，就把正常的細胞轉變成了癌細胞。其他的嚴重後果也會在動物胚胎的實驗中略知一二。沒有足夠的氧氣，組織生長和器官發育會受到干擾；然後，會發生畸形和其他異常情況。如果人類胚胎缺氧，也會造成先天畸形。

儘管極少人會去探求其原因，但已有跡象表明人們開始注意到這些不斷發生的災難了。一九六一年，人口統計局發起了一項全國範圍的畸形兒調查，後附一張說明，稱調查結果將作為先天畸形與環境關聯的證據。毫無疑問，此項研究主要研究輻射的影響，但是化學品的影響也不容忽視，因為牠們跟輻射的危害是一樣的。人口統計局預計形式會很嚴峻，因為未來兒童的缺陷和畸形，幾乎都是由無處不在的化學品造成的，牠們把我們團團圍住，從而對我們進行內外夾擊。

一些研究結果顯示，生殖能力下降與生物氧化過程受到干擾以及供應能量的ATP減少有關。卵子即使在受精之前也需要大量的ATP，從而為下一階段做好準備，一旦精子進入，卵子受精，便需要耗費大量的能量。精子是否能到達並穿透卵子取決於它本身的ATP供應，牠們都是由高度集中在細胞頸部的粒線體產生的。一旦受精成功，細胞就開始分化了。ATP供應的能量很大程度上決定了胚胎能否發育成型。一些胚胎學家研究了青蛙卵和海膽卵這些容易獲得的物件後，發現如果ATP低於一定水準，卵子就會停止分化，很快就死了。

胚胎實驗室的研究結果也適用於蘋果樹上的知更鳥，牠們的窩裡有幾顆藍綠色的鳥蛋——但都是冰涼的，生命之火幾天內就熄滅了。在佛羅里達州，一棵高大的松樹上有個鷹窩，雖然用的是長短不一的殘棍斷枝，卻也建得錯落有致、別有風韻。裡面有3顆白色的鷹蛋，但也是冰冷無望的。為什麼幼鳥都沒有孵化出來呢？鳥蛋是否像實驗室裡的青蛙卵一樣，因為缺少ATP提供的能量而無法正常生長？是否因為成鳥和蛋裡積累了足夠的殺蟲劑，從而使氧化車輪停止，不再產生ATP了呢？

很明顯，檢查鳥蛋要比檢測哺乳動物的卵細胞要容易得多，因此大可不必勞神費力地去猜測鳥蛋裡是否含有殺蟲劑，我們可以讓事實說話。不論是在實驗室裡，還是在野外，只要接觸過化學品的鳥兒，牠們下的蛋中都會留有濃度很高的DDT和氯代烷殘留。在一次實驗中，從加利福尼亞的野雞蛋中檢測出了349ppm的DDT。在密西根州，在知更鳥屍體的輸卵管提取的蛋中，發現DDT的濃度為200ppm。其他中毒死亡的知更鳥所留下的蛋中也檢查出了DDT殘留。在附近的一個農場裡，艾氏劑中毒的母雞下的蛋裡也含有艾氏劑。實驗室裡餵過DDT的母雞下的蛋，也檢測出了65 ppm的殘留。

既然我們知道了DDT和其他（也許是全部）氯代烷會破壞某種特殊的酶，並阻礙能量的產生，或使能量產生機制發生非耦合，就很難想像含有大量農藥殘留的鳥蛋會完成複雜的發育過程：無數次細胞的分裂、各組織和器官的發育，以及關鍵物質的合成最終形成新的生命。所有這些都需要大量的能量——成包的ATP（只有新陳代謝之輪轉動才能產生）。這樣的災難不會局限於鳥類。ATP是普遍存在的能量單位，其代謝過程在所有的生物身上都是一樣的，作用也別無二致。其他物種生殖細胞中殘留的殺蟲劑也值得我們擔憂，因為同樣的問題、相同的效應也可能會出現在我們身上。

有證據顯示，這些化學毒素不僅出現在形成生殖細胞的組織裡，而且會殘留在細胞裡。在一些鳥類和哺乳動物的生殖器官裡發現了殺蟲劑的身影——包括控制條件下的雉雞、老鼠、豚鼠，給榆樹噴藥地區的知更鳥、雲杉蚜蟲藥物防治地區的鹿等。其中一隻知更鳥睪丸裡的DDT濃度比身體其他部位都高。野雞睪丸裡也有大量DDT，大約為1500ppm。

可能是由於性器官中高濃度藥物殘留的作用，實驗中的哺乳動物出現了睪丸萎縮的現象。接觸了甲氧氯的幼鼠，睪丸很小。給小公雞餵食DDT後，成熟的睪丸只有正常大小的18%；雞冠和肉垂也只有正常大小的三分之一。

精子也可能由於缺少ATP而深受影響。實驗表明，二硝基酚會降低公牛精子的活動能力，因為它會妨礙耦合機制，導致能量減少。如果深入調查的話，可能會發現更多的化學品有相同的效應。一些醫學報告稱，有證據顯示空中噴撒DDT的人員出現了精子減少的現象。

對於全體人類而言，比個人生命更寶貴的是我們的遺傳基因，它是連接過去和未來的紐帶。經過漫長進化才形成的基因，不僅造就了我們現在的樣子，還控制著我們的未來——不管未來充滿希望還是帶來威脅。然而，我們這個時代正面臨著人工產品導致基因衰退的威脅，這也是對文明最終且最嚴重的威脅。此時，比較一下化學品和輻射不僅合適而且必要。受到輻射的活細胞會遭到毀壞：正常分裂能力遭到破壞，染色體結構發生變化，攜帶遺傳訊息的遺傳基因會發生突變，造成後代出現新的特徵。如果細胞極其敏感的話，可能立刻被殺死，或者多年後變成惡性細胞。

在實驗室裡一大批化學品的類放射或者模擬放射已經證實了輻射的後果。許多殺蟲劑和除草劑就屬於這類物質。牠們會使與之接觸過的人得病，或者在其後代身上體現出來。

僅在幾十年前，還沒有人知道輻射和化學品的這些效應。那時候，還沒有原子裂變技術，用於類比輻射的化學品還沒有進入化學家的試管。到了一九二七年，德克薩斯大學的動物學教授赫爾曼・馬勒博士（Hermann J. Muller）發現，動物被X光照射後，後代會發生突變。馬勒的發現開創了科學和醫學研究的新領域。後來，馬勒因此獲得了諾貝爾醫學獎。由於對放射塵後果耳濡目染，就連門外漢都對其瞭若指掌了。

儘管關注不多，一九四〇年代早期，愛丁堡大學的夏洛特・奧爾巴赫（Charlotte Auerbach）與威廉・羅賓森（William Robson）也發現了類似的情況。他們發現，與輻射一樣，芥子毒氣（二氯二乙硫醚）也會造成染色體異常。果蠅實驗（早期，馬勒也曾用果蠅進行過X光研究）顯示，芥子毒氣也會引發突變。就這樣，人類發現了第一種誘變劑。

如今，除了芥子毒氣外，人們又發現了很多其他化學品也可以改變動植物的遺傳物質。為了認識化學品是如何改變遺傳過程的，我們必須先了解生命之劇是如何在活細胞這個舞臺上演的。

構成身體組織和器官的細胞必須有不斷增殖的能力，才能保證身體的生長和生命薪火相傳。這個過程是由有絲分裂或核分裂完成的。在一個即將分裂的細胞內，會發生最重要的變化，首先是細胞核內的變化，最終會擴散至整個細胞。在細胞核內，染色體會神奇地移動、分裂，然後排成固定的模型，把遺傳物質——基因，傳給子細胞。起初，牠們呈長長的線狀，基因排列在上面就像一串珠子一樣。然後，每條染色體縱向斷裂開來（基因隨之分裂）。細胞分成兩半後，染色體會分別進入其中一個子細胞內。這樣每一個新細胞都會包含一整套染色體，也都包含所有的遺傳訊息。透過這種方式，物種的完整性得以保存和延續。

生殖細胞的形成過程十分特殊。因為所有物種的染色體都是恒定的，由此可知，即將生成新個體的精子和卵子只能攜帶一半的染色體。在生殖細胞形成的分裂過程中，染色體精確地完成了這一行為。此時的染色體並不分裂，每對染色體中完整的一條就會進入一個子細胞中。

在這個階段，所有生物的變化都是一樣的。地球上所有的生命都會經歷細胞分裂；不論是人還是變形蟲，高大的紅杉還是微小的酵母，沒有細胞分裂就不能長期存活。因此，任何阻礙細胞分裂的因素對生物的健康及以後代都會構成嚴重威脅。

喬治・辛普森（George Gaylord Simpson）和同事皮特德利（Colin S. Pittendrigh）以及蒂凡尼（Lewis H. Tiffany）包羅萬象的著作——《生命》（*Life: An Introduction to Biology*）中寫道：「細胞組織的主要特徵，包括細胞分裂在內，可能超過五億年了，也許將近十億年。從這方面看，地球上的生命很脆弱，也很複雜，但是很持久——甚至比山脈都要久遠。這種持久性完全依靠遺傳訊息一代代的精確傳遞。」

但是，在作者回顧的這十億年裡，從沒有任何威脅如同二十世紀中期人造輻射和人造化學品般，直接且強烈地打擊到這種「不可思議的精確性」。澳洲著名的醫師，同時也是諾貝爾獎得主，麥克法蘭·伯內特先生（Macfarlane Burnet）認為，這是我們時代「最明顯的醫學特徵之一」，亦即「作爲先進治療手段和化學物質生產的副產品——誘變劑，越來越多地突破了人體屏障」。

人類染色體的研究尚處於初級階段，環境對染色體影響的研究剛剛變得可能。直到一九五六年，人類才確定了人體細胞的染色體數量是46條，我們剛剛能觀察到染色體及其片段是否存在。環境中的某些因素可以損害基因還是一個相對較新的概念，而且除了遺傳專家外，很少有人理解這點，專家的意見自然受到了冷落。時至今日，輻射的各種危害已經為人所熟知——儘管有些地方仍在盡力否認。不光是政府的決策者，還有很多醫學界人士都拒絕接受遺傳原理，這常常令馬勒博士感到遺憾。公眾以及眾多的資深醫學專家、科技人員很少知道化學品與輻射的危害是類似的。正是這個原因，使得化學品尚未得到廣泛使用（而不是用於實驗室的實驗）的評估。但是這件事絕對必要。

不只是麥克法蘭一人預想到了潛在的危險。英國權威人士皮特·亞歷山大博士（Peter Alexander）說，類放射化學物質的危害可能比輻射還要大。馬勒博士根據數十年的遺傳學報告，提出警告：「各種化學品（包括殺蟲劑）跟輻射一樣會增加基因突變的頻率……現代條件下，我們頻繁接觸異常化學品，人類基因存在突變的傾向。」

人們對化學誘變劑的普遍忽視，可能是因為最初發現的幾種僅用於科學研究的緣故。畢竟，氮芥並沒有灑向所有人，而是被生物學家用於實驗或者醫生用來治療癌症（最近有報告提到，接受癌症治療的病人其染色體受到損傷）。但是，大多數人卻正與殺蟲劑和除草劑密切接觸。

儘管人們對這個問題關注不多，但是我們仍然可以從許多「滅害劑」案例中蒐集到資訊，證明牠們破壞了細胞的重要機能：從染色體損傷到基因突變，最終導致細胞發生癌變。

幾代蚊子接觸DDT後，會變成一種奇怪的生物——雌雄同體。苯酚處理過的植物，其染色體會遭到破壞，基因發生變化，出現大量突變和「不可逆的遺傳變化」。接觸過苯酚之後，基因經典實驗物件——果蠅，會發生基因突變；如果接觸常見的除草劑或氨基甲酸乙酯後，果蠅劇烈的基因突變可能導致死亡。氨基甲酸乙酯屬於胺基甲酸酯類化學品，很多殺蟲劑以及其他農藥都是用這類化學品製成的。有兩種胺基甲酸酯類化學品會用來防止儲藏的馬鈴薯發芽，因為牠們可以組織細胞分裂。另一種防止發芽的化學品——抑芽素已經被認定為危險的誘變劑。

用六氯聯苯（BHC）或靈丹處理過的植物，其根部會出現腫塊。牠們的細胞會腫脹變大，因為內部的染色體數量已經翻倍了。隨著細胞不斷分裂，染色體會繼續複製，直到細胞不再分裂。

除草劑 2,4-D 也會使植物根部長出瘤子一樣的腫塊。染色體會變短、增厚，並聚攏在一起。細胞分裂被嚴重阻滯了。據說，這種危害與 X 光的照射效果一樣。

這些僅是一部分而已；還有很多例證可以援引。然而，至今仍沒有旨在檢測殺蟲劑誘變後果的綜合研究。上面所提到的例子只是細胞生理學或遺傳學研究的附帶結果。最緊迫的就是要進行直截了當的研究。

有些科學家雖然承認環境輻射對人類的危害，卻懷疑化學誘變劑是否具有相同效應。他們列舉了輻射的強大穿透力，但不認為化學品會滲透進生殖細胞。這是因為我們缺乏對人類的直接研究。然而，鳥類和哺乳動物生殖腺和生殖細胞中出現的大量 DDT 殘留就是強而有力的證據，至少可以證明氯代烴不僅遍及全身，而且與遺傳物質親密接觸。賓夕法尼亞州立大學的教授大衛．戴維斯（David E. Davis）發現在癌症治療中有限使用的強力化學品，可以阻止細胞分裂，並造成鳥類不孕。不足以致死的化學品會造成生殖腺裡的細胞停止分裂。戴維斯教授的野外試驗也取得了一些成果。顯然，我們沒有任何理由相信所有生物的生殖腺能免受化學品的侵害。

最近關於染色體異常的醫學研究體現出了重大意義。一九五九年，英法兩國獨立的調查小組得出了相似的結論——人類的某些疾病是由染色體數量異常引起的。研究人員發現某些疾病和畸形的染色體數量都不正常。通常所說的唐氏綜合症患者細胞內就多了一條染色體。有時候，這條染色體會附著在另一條上，因此總數還是46條。一般情況下，多餘的一條是獨立存在的，因此染色體的數量是47條。這些疾病的原因要追溯到上一代人。

美國和英國的慢性白血病患者身上出現了一種異常機制。他們的血細胞中，染色體出現了異常情況，因為缺少了染色體的某些部分。這些病人皮膚細胞的染色體是正常的。這就說明，染色體缺陷並不是在生殖細胞中發生的，而是在人體的特定細胞（在本例中，首當其衝的是血細胞）造成損害。染色體的部分殘缺可能導致這些細胞失去了正常行為的「指令」。

自從開闢了這一研究領域，與染色體異常相關的身體缺陷清單快速增加，已經超出了原先醫學研究的範疇。克氏症候群就與一條染色體的複製有關。患者為男性，卻有兩條X染色體（變成XXY，而不是正常的XY），所以總會有些不正常。在此條件下，常常會出現身體過高、智力缺陷和不孕不育等症狀。相比較而言，如果一個人只收到一條性染色體（成為XO，而不是正常的XX或者XY），雖然是女性，但是會缺少很多第二性徵。這種情況通常會伴有身體（有時候智力）缺陷，因為X染色體必定包含各種特徵的基因。這種疾病叫做透納氏症。在人們發現這兩種病症的原因之前，在醫學文獻中早就有記載了。

不同國家的人員正在研究染色體異常的領域勤奮工作。由克勞斯・帕托博士（Klaus Patau）帶領的威斯康辛大學研究組一直關注著各種先天畸形，通常包括智力缺陷，這似乎是由於染色體只進行了部分複製引起的，可能是在生殖細胞的複製過程中，一條染色體斷裂後，碎片沒能精確地再分配。這種缺陷很可能會影響胚胎的發育。

根據現有知識，一條完全多餘的染色體通常是致命的，因為它會威脅胚胎的生存。目前，據我們所知有三種情況可以存活：一種是唐氏綜合症。多餘的這個片段，雖然會造成嚴重損傷，但不一定致命。據一些威斯康辛的研究人員說，這種情況可以合理解釋大量案例中，為什麼一些孩子一出生就有多種缺陷，通常包括智力低下等情況。

這是一個全新的研究領域，目前科學家研究的重點是染色體異常與疾病和缺陷的關係，還沒有機會探究其具體原因。如果認定單一物質就可以造成細胞分裂過程中染色體的破壞或行為異常，無疑是愚蠢的。但是，現在環境中充斥著直接攻擊我們染色體的化學品，牠們可以造成上述病症，難道我們應該對此視而不見嗎？為了使馬鈴薯保存完好或院子裡沒有蚊子，這樣做的代價是不是有點高呢？

我們的遺傳基因，是細胞質經歷了二十億年的進化和選擇的結果，牠們由祖先傳給我們，暫存在我們這裡，之後我們還要傳給子孫。只要我們願意，一定能夠減少對遺傳基因的威脅。我們現在所做的卻僅是杯水車薪。儘管法律規定化學品生產商必須檢驗產品的毒性，卻未要求檢驗化學品的基因影響。

第14章 四分之一的機率

One in Every Four

生物抗癌鬥爭史源遠流長，其源頭早已湮沒在歷史長河中了。但是，好也罷壞也罷，它必定發端於自然環境中，受到了太陽、風暴和地球古老自然因素的影響，而會製造一些災難，生物不是適應，就是滅亡。太陽的紫外線會引發惡性腫瘤。同樣，某些岩石的輻射、土壤或岩石沖刷出來的砷汙染了食物或水源，也會引起某些疾病。這些危險的元素早在生命出現之前就存在了；然而，生命還是頑強地出現了，經過了數百萬年的發展，形成了數量繁多、種類豐富的物種。在自然緩慢的演進過程中，不能適應的遭到淘汰，最頑強的存活下來，生命的適應與自然的破壞力量達成了一種平衡。即使這些天然的致癌物質仍然能引發惡性病變，但是它們數量很少，而且早已存在，所以生命自從開始就適應了這些力量。

隨著人類的到來，情形開始轉變，因為在所有生物中，只有人類才能夠創造致癌物。其中幾種致癌物已經在環境中存在了幾個世紀。含有芳香烴的煙塵就是一個例子。隨著工業時代的來臨，世界上發生著持續加速的變化，很多化學和物理工具應運而生，它們都能誘發某些生理變化。對於自己親手創造的這些致癌物，人類沒有任何防護措施，而人類的進化十分緩慢，所以對新條件的適應也是極其遲緩的。因而，這些強致癌物能輕易地突破人類脆弱的防線。

癌症這種疾病非常古老，但是我們對於癌症誘因的認識卻十分遲緩。大約兩個世紀以前，倫敦的一名醫生才發現外部或環境因素能導致惡性腫瘤。在一七七五年，波西瓦·派特先生（Percivall Pott）宣布，掃煙囪的清潔工高頻率的陰囊癌一定是他們身上的煙灰引起的。當時他還無法提供我們要求的「證據」，但是現代科學技術已經分離出了煙灰中的致癌物，證明了他的推斷正確。

在派特發現之後的一個世紀或更長的時間裡，人們的認識一直止步不前，並沒有認識到環境中的一些化學品經反覆的皮膚接觸、吸入或者吞食能夠致癌。儘管如此，已有人注意到在康瓦爾和威爾斯煉銅廠和鑄錫廠工作的工人，由於長期接觸含砷煙霧，易發皮膚癌。人們也發現，在薩克森邦的鈷礦和波西米亞亞希莫夫的鈾礦工作的工人會患上一種肺病，後來確診是癌症。但這只是前工業時代的現象，工業繁榮後，各種化學品就充斥了世界的各個角落。

一八七五年後，人們才開始認識到惡性病變始於工業時代。當時，巴斯德正在努力證明微生物是許多傳染病的根源，而其他人正探索造成薩克森新型褐煤和蘇格蘭頁岩產業工人皮膚癌的原因，還有工作中接觸柏油和瀝青引發的其他癌症。到了十九世紀末，人類已經發現了6種致癌物；而到了二十世紀，無數的致癌化學品被創造出來，並與普通人密切接觸。在派特的研究之後不到兩個世紀的時間內，環境發生了巨大的變化。危險不再局限在職業人員身上，更進入了每個人的生活——甚至包括未出生的嬰兒。因此，現在有如此多的惡性疾病也就不足為奇。

惡性病的增加並不是人們的主觀印象。一九五九年七月，人口統計局的月報上說，因惡性疾病增加（包括淋巴和造血組織）致死的人數占一九五八年死亡總人數的15％，而一九〇〇年僅為4％。根據目前的發病率，美國癌症協會估計現有人口中有4千5萬人最終會身患癌症。這就意味著，三分之二的家庭將會遭殃。

而兒童的情況更加令人擔憂。二十五年前，罹患癌症的兒童很少。如今，死於癌症的兒童比其他任何疾病都多。情況已經變得非常糟糕，所以波士頓市成立了兒童癌症專門醫院。1歲到14歲的死亡兒童中，死於癌症的占12％。在不到5歲的兒童中，出現了大量惡性腫瘤。但更令人恐懼的是，很多剛出生或者未出生的小孩已經出現了腫瘤。國家癌症研究所的休伯博士是環境致癌研究的權威。他認為，先天性癌症和嬰兒患癌可能與母親懷孕期間接觸致癌物質有關，這些物質進入胎盤後，危害成長中的胚胎組織。實驗也證明，接觸致癌物質後，體型較小的動物更容易患癌。佛羅里達大學的法蘭西斯．雷（Dr. Francis Ray）警告：「在食物中添加化學品會導致兒童患癌，可能在一、兩代人之後，我們才會知道發生了什麼……」

應該關心的是，我們用來控制自然的化學品是否會直接或間接致癌。從動物實驗得到的證據看，有5、6種殺蟲劑應該被認定為致癌物。如果加上一些醫生認為的可以導致白血病的化學品，這份名單會更長。這些證據都具有偶然性，因為我們不可能在人的身上做實驗，但是它們卻相當震撼。如果加上那些導致活體組織和活性細胞間接致癌的化學品在內，將會有很多殺蟲劑加入這個名單。

含砷殺蟲劑是最早被發現與癌症有關的化學品之一，比如用作除草劑的亞砷酸鈉、用來殺蟲的砷酸鈣和其他化合物。人類與動物的癌症與砷的關係由來已久。休伯博士在他的專題著作《職業腫瘤》（*Occupational Tumors*）中提到了接觸砷的後果。近千年來，西里西亞地區的雷切斯坦一直是金、銀礦的重要產區，砷礦也開採了幾百年的時間。幾個世紀以來，砷礦廢料堆積在礦井周圍，被山上沖下來的溪流帶走。地下水源受到了汙染。幾個世紀以來，當地很多居民遭受「雷切斯坦病」（the Reichenstein disease）的折磨——慢性砷中毒，症狀為肝、皮膚、消化系統和神經系統紊亂。這種疾病也常常伴隨惡性腫瘤。這種病已經成為了歷史，因為大約二十多年前，這裡已經換了飲用水，水裡不含砷了。然而，在阿根廷的哥多華省，伴有皮膚癌的慢性砷中毒仍很嚴重，因為飲用水中的岩層含砷。

長期堅持使用砷殺蟲劑很容易形成類似雷切斯坦和哥多華的情況。在美國菸草種植區、西北部果園和東部藍莓產區都使用含砷藥劑，很容易對供水造成汙染。砷汙染不僅傷害人類，還會影響動物。一九三六年，德國發表了一份重要的報告。在薩克森邦的弗萊堡市，銀、鉛熔爐向空中噴出大量含砷的煙塵，隨風飄向周圍的村莊，最後落在了植物上。據休伯博士說，馬、牛、山羊和豬的身上出現了脫毛和皮膚加厚的狀況，一定是吃了這些植物所致。附近森林裡的鹿則出現了異常色斑和癌症前期凸起的疣。其中一隻已經很明顯患上了癌症。所有受影響的家畜和野生動物都得了「砷腸炎、胃潰瘍和肝硬化」。圈養在熔爐附近的羊患上了鼻竇癌。牠們死後，在大腦、肝臟和腫瘤中檢測出了砷。這個地區的昆蟲也大量死亡，以蜜蜂為尤。下過雨後，含砷粉塵被雨水沖進了溪流和池塘，造成了大量的魚死亡。

廣泛用於治理蟎和扁虱的一種新型有機殺蟲劑也屬致癌物。歷史經驗充分證明，儘管存在相關法律，但是由於法律程序遲緩，在政府行動之前，公眾已經被迫接觸致癌物好幾年了。這個故事從另一個角度看又是耐人尋味的，今天勸說公眾接受的「安全」事物，明天可能就會變得非常危險。

一九五五年，這種化學品上市的時候，生產商曾為它申請了一個限值，即允許農作物帶有少量殘留。根據法律要求，他們在動物身上做了實驗，並把實驗結果一起交了上去。但是，食品和藥物管理局的科學家認為這種產品有致癌的風險。所以，該局局長建議實行「零容忍」，也就是說州際貿易食品不能含有任何藥物殘留。但是，生產廠商有權進行上訴，於是此案交由委員會定奪。最後，委員會做出了折衷的決定：

允許1ppm的殘留。另外，產品可以先出售兩年以觀後效，同時對此進行實驗研究。

雖然委員會沒有明說，實際上就是把公眾當成了豚鼠、狗和老鼠，被用來進行實驗。但是，動物實驗很快就出了結果，兩年後，這種除蟎劑也被確認為致癌物。但是到了一九五七年，食品和藥物管理局仍未能撤銷限值，致癌物質得以繼續汙染公眾的日常食物。各種法律程序又耽誤了一年，直到一九五八年十二月，局長建議的「零容忍」才得以實行。

這些絕不是殺蟲劑中僅有的致癌物。實驗室進行的動物實驗中，DDT引發了疑似肝臟腫瘤。發現這些腫瘤的食品和藥物管理局的科學家不知道如何將它們歸類，但是隱約感到應該把它們定為「初級肝癌細胞」。現在，休伯博士明確地把DDT定為「化學致癌物」。

人們已經發現了屬於氨基甲酸脂類的兩種除草劑IPC和CIPC可以引起老鼠皮膚腫瘤。其中有些是惡性的。這些化學品先引起惡性病變，然後由環境中的各種化學品共同作用完成。

除草劑3－氨基－1,2,4－三氮唑會引起實驗動物的甲狀腺癌。一九五九年，一些蔓越橘種植戶誤用了這種化學品，導致一些待售的漿果上含有這種藥物殘留。食品和藥物管理局沒收這些受汙染的水果後，很多人不相信這種化學品會致癌，其中包括很多醫學界人士。該局用事實說話，發布了實驗老鼠喝了氨基三唑患癌的研究。這些老鼠喝的水是濃度為100ppm的3－氨基－1,2,4－三氮唑（1萬小匙水中加入一小匙除草劑），到第六十八週時，老鼠就患上了甲狀腺腫瘤。二年後，超過一半的實驗用鼠都出現了腫瘤，有良性，也有惡性的。即使小劑量的餵食也會引發腫瘤——實際上，任何劑量都會產生影響。當然，沒人知道多大劑量的3－氨基－1,2,4－三氮唑會使人類致癌，但是哈佛大學的醫學教授大衛．魯茨坦（Dr. David Rutstein）已經指出，致癌劑量依憑人類身體對它的敏感程度。

到目前為止，還沒有充分的時間弄清楚新型氯代烷殺蟲劑和除草劑的全部效應。大部分惡性疾病發展得都非常緩慢，需要細數患者的一生，才能找出臨床症狀的節點。一九二〇年代早期，給鐘錶轉盤塗上發光數字的婦女，因其使用的刷子碰到了嘴唇而攝入了少量的鐳。十五年或更長時間後，其中一些婦女患上了骨癌。工作中接觸化學物質的人，在十五年到三十年後，甚至更長時間之後，才會發現得了癌症。

與產業工人接觸致癌物質的悠久歷史相比，軍人在一九四二年才首次接觸DDT，而普通居民的遭遇是從一九四五年開始的。直到一九五〇年代，林林總總的化學品才投入使用。這些化學品播下的惡毒之種正在生根發芽，後果還未顯現。

雖然大部分惡性病變的潛伏期都很長，但是，有一個例外——白血病。在原子彈爆炸三年後，廣島的倖存者就患上了白血病，所以我們有理由相信其潛伏期可能非常短。也許尚有其他癌症的潛伏期也相對較短，但是截至目前，白血病是發病緩慢的癌症中的例外。

隨著殺蟲劑盛極一時，白血病患者逐漸增多。國家人口統計局的資料清楚地表明造血組織病變正急劇增加。一九六〇年，僅白血病就造成了12290人死亡。一九五〇年，死於血液和惡性淋巴腫瘤的患者為16690人，到了一九六〇年猛增至25400人。一九五〇年，每10萬人中就11.1人死亡，到了一九六〇年增加至14.1人。死亡增加並不局限於美國，各個國家死於白血病的人數正以每年4到5%的速度增加。這意味著什麼呢？人類日益頻繁接觸的致命化學品是什麼呢？

像梅奧醫院這樣世界著名的機構已經確認有數百名患者死於這種造血組織疾病。血液科的麥爾坎．哈格雷夫博士以及他的同事報告說，這些病人曾經接觸過多種有毒化學品，包括DDT、氯丹、苯、靈丹以及石油蒸餾液等各種噴劑。

哈格雷夫博士認為，與使用有毒物質有關的環境性疾病一直在增加，尤其是在最近十年裡。根據豐富的臨床經驗，他總結到：「大部分患有血質不調和淋巴疾病的人都曾長期接觸各種烴類化合物，而今天的大部分殺蟲劑都屬於這種化學品。只要仔細研究病歷總會發現這樣的聯繫。」他現在掌握了大量的詳盡病例，這些都是他診治過的病人，他們的病症包括白血病、再生障礙性貧血、霍奇金病以及造血組織紊亂等。他說：「他們都曾大量接觸過這些致癌物質。」

這些病例說明了什麼呢？拿一個討厭蜘蛛的婦女為例。八月中旬，她進入了地下室，手裡拿著含有DDT和石油蒸餾液的噴霧器，對整個地下室噴了一次藥，樓梯下、水果櫃、天花板和櫃子上的所有角落都噴了一遍。噴完後，她立即感到很不舒服，噁心、煩躁、極度緊張。過了幾天，她感覺好些了。然而，她顯然沒有意識到發病的原因，所以她在九月分又噴了一次。噴藥，生病，暫時恢復，再次噴藥，就這樣經歷了兩次迴圈。在第三次噴藥的時候，她出現了新症狀：發燒、關節疼、渾身不適，一條腿也得了靜脈炎。經哈格雷夫博士檢查後，發現她得了急性白血病。一個月後，她就死了。

哈格雷夫博士的另一位病人是一名職員，他的辦公室就坐落在一棟陳舊的樓裡，時常有蟑螂出沒。這令他煩惱不已，於是他決定親手置蟑螂於死地。在一個星期天，他花了大半天的時間把整個地下室噴了一邊藥，四面八方都噴得嚴實。他使用的是濃度為25％的DDT，溶解在甲基萘溶液裡。很快地他的身上出現了瘀青，並開始出血。他帶著滿身的傷口進入了血液科。經檢測分析，他患上了嚴重的骨髓衰退症——再生不良性貧血（Aplastic anemia）。在之後的五個半月裡，他輸了59次血，還有其他的輔助治療。他在一定程度上恢復了健康，但是大約九年後，又患上了致命的白血病。

在一些病例涉及的化學品中，出現次數最多的殺蟲劑是DDT、靈丹、六氯聯苯、硝基酚、防蛾晶體對二氯苯、氯丹及其溶劑等。正如這位醫生所強調的一樣，單純地接觸一種化學品只是例外，而非常態。農藥產品通常包含多種化學物質，這些化學物質會溶於石油蒸餾液，再加上一些分散劑。含有芳香烴和不飽和烴的溶劑可能就是對造血器官造成損害的主要因素。從實際角度而不是醫學角度看，這些區別並不重要，因為這些石油溶劑是平時噴藥不可或缺的一部分。

美國和其他國家的醫學文獻所記載的諸多病例，都可以支持哈格雷夫博士的觀點，那就是這些化學品與白血病及其他血液病之間存在因果關係。患者包括各類一般群眾：被自己的噴藥設備或飛機噴藥傷害的農民；為了消滅螞蟻而噴藥，卻繼續待在書房攻讀的大學生；一個在家裡裝了可攜式靈丹加濕器的婦女；在噴過氯丹和毒殺芬的棉地裡工作的工人等。一對捷克斯洛伐克的表兄弟，他們背負的悲劇和他們手裡拿著的醫學術語一樣悲慘。這兩個男孩生活在同一個鎮子裡，經常一起玩耍，一起幹活。他們生前做的最後一份工作是在農場裡合夥卸下成袋的六氯聯苯殺蟲劑。八個月後，其中一個男孩得了急性白血病，九天後就死了。此時，他的表弟也開始出現疲勞和發燒的症狀。三個月不到，他的病情就開始惡化，隨後也被送往醫院。經診斷，他也得了急性白血病，最終，病魔又一次奪走了一個人的生命。

瑞典的農民又是一個例子，他的經歷讓人想起日本漁夫久保山駕著「福龍丸」漁船捕魚的故事。跟久保山捕魚為生一樣，這名健康的農民靠種地過活。但是天空飄來的毒素判了他死刑。其中一種是放射性煙塵，另一種是化學粉塵。這個人在大約24公頃的土地上使用了含有DDT和六氯聯苯的粉劑。就在他噴撒的時候，陣陣微風掀起了藥粉，把他團團圍住。隆德市醫院記載：「晚上的時候，他感到疲憊不堪。在之後的幾天裡，他總是感覺很虛弱，背疼、腿疼、渾身發冷，他只能在床上躺著。他的病情日益惡化，儘管如此，到了五月十九日（噴藥一週後），他才申請去當地醫院住院。」他高燒不退，血細胞水準也不正常。然後，他被送到了內科診室，在挨過兩個半月後死了。屍檢結果發現他的骨髓已經完全萎縮。

細胞分裂本為正常且必要的過程，怎麼突然變得異常而有害了呢？這個問題備受科學家的關注，也耗費了大量的資金。細胞內部發生了什麼把有序增長的細胞變成了瘋狂增生的癌症了呢？

答案肯定是多種多樣的。因為癌症本身就形式多樣，它的病源、發病過程、生長和退化的控制因素都有所不同，所以原因肯定複雜多樣。但是，在眾多表象之下，只是幾種細胞的基本損傷。世界各地都在進行研究，有的甚至不是癌症研究，但是從這些零散的研究中，我們仍然能看到一絲解決問題的曙光。

我們再次發現，只有觀察生命的最小單位——細胞和染色體，才能獲得更廣闊的視野來穿越重重迷霧。在這個微觀世界裡，我們必須找到細胞神奇的運行機制變得異常的因素。

癌細胞起源的理論有許多種，其中最受人關注的理論之一是德國馬克思普朗克細胞生理學研究所的生化學家奧托．沃伯格教授（Otto Warburg）提出的。他一生致力於細胞內部氧化過程的研究。憑藉豐富的背景知識，他清晰地解釋了正常細胞癌變的過程。

沃伯格認為，不論是輻射還是化學致癌物，都是從破壞細胞的正常呼吸開始，這樣就使細胞失去了能量。反覆小劑量接觸這些物質，就會導致呼吸受到抑制，一旦造成影響，就無法恢復。沒有被毒素殺死的細胞會努力補充失去的能量。但是，這些細胞不能進行神奇有效的循環來生產大量的ATP了，它們不得不採用原始低效的方法——發酵。這種透過發酵求生存的模式會持續很長時間。後來的細胞分裂會延續這種呼吸方式。

就這樣，一旦細胞失去了正常的呼吸能力，就很難恢復，一年、十年甚至更長時間都無法恢復。當倖存的細胞為了補充失去的能量而進行持久的鬥爭時，就會用加大發酵的方法來維持生存。這是一場達爾文式的鬥爭，只有適應能力最強的才能生存下來。最後，細胞內的發酵作用完全取代了呼吸作用來提供能量。此時，正常的細胞也就變成了癌細胞。

沃伯格的理論能夠解釋其他很多令人迷惑的問題。大部分癌症之所以潛伏期很長，是因為在細胞的呼吸作用首次遭到破壞後，緩慢增加的發酵作用還需要進行無數次的細胞分裂。物種不同，發酵作用的速度也不相同，因而所需時間也長短不一。老鼠所需時間較短，癌症會很快出現；人類的時間很長（可能需要幾十年），病情發展得十分緩慢。

沃伯格的理論還解釋了為什麼重複小劑量接觸比一次性大劑量觸及更加危險。後者可以直接殺死細胞，而小劑量接觸後，一些細胞會在受損的情況下存活下來。倖存的細胞最終會發展成癌症。這就是為什麼不存在致癌物質「安全」與否的原因。

根據沃伯格的理論，我們還可以解釋另一種難以解釋的現象——同一種元素可以用來治療癌症，也可以引發癌症。大家都知道，輻射就是這樣的物質，它能殺死癌細胞，也能引起癌變。很多用於治療癌症的化學品也是如此。為什麼會這樣呢？這兩種方式都會破壞呼吸作用。癌細胞本就有呼吸缺陷，因此受到額外傷害後，就會死亡。而正常細胞的呼吸作用第一次遭到破壞後，雖然不會立刻死亡，但已經走上了通往癌變的路上。

沃伯格的觀點在一九五三年得到了證實，其他研究人員透過長期而間歇性地停止供氧，把正常的細胞轉化成了癌細胞。一九六一年，他的理論再次得到了證實。這次是透過活體動物證明的，而不是人工培養的組織。在患癌老鼠體內注入放射性追蹤物質，仔細檢查後發現細胞的發酵作用明顯超出正常水準，與沃伯格的預測相一致。

根據沃伯格確立的標準，大部分殺蟲劑都能致癌。正如我們在前一章提到的那樣，很多氯代烷、苯酚和一些除草劑都會破壞細胞的氧化和能量產生機制。這些化學品透過這些機制，創造出休眠細胞，裡面蟄伏著不可逆轉的惡性病變，也無法檢測——直到有一天，病因被徹底遺忘，甚至不被懷疑的時候——它們會突然爆發，癌症就出現了。

染色體可能是通往癌症的另一條途徑。這個領域的很多著名專家對於一切破壞染色體、干擾細胞分裂或引起突變的因素都充滿懷疑。他們認為任何突變都可能是癌症的潛在誘因。儘管突變理論更多涉及的是生殖細胞，可能未來幾代人才會感到它的威力，但是身體細胞也存在突變。根據癌症起源的突變理論，受了輻射或者化學品影響的細胞會發生突變，進而使其分裂脫離身體控制。因此，它可以無規律、無限制地增殖。透過這種分裂生成的新細胞也具備逃脫控制的能力，假以時日，它們就會累積成癌症。其他研究人員指出，癌組織中的染色體是不穩定的，它們容易斷裂或受損，數量也不穩定，甚至可能出現兩套染色體。

首次發現染色體異常與惡性病變聯繫的是亞伯特．萊文（Albert Levan）和約翰．比塞爾（John J. Biesele），他們倆都在紐約的斯隆－凱特琳研究所工作。關於惡性病變與染色體變異哪個先出現，他們毫不猶豫地認為，「染色體變異早於惡性病變」。他們推測，也許在染色體開始受到損傷並出現不穩定情況後，經過多代細胞長時間的反覆試驗和試錯（惡性病變的漫長潛伏期），最終累積了一系列突變，導致細胞脫離控制，並開始無規律地增殖——這就是癌症。

歐基維德．溫格（Ojvind Winge）是染色體變異理論的早期支持者之一。他認為染色體倍增的情況尤為值得注意。經過反覆觀察，人們發現六氯聯苯及其同類化學品靈丹會使實驗植物的染色體數量翻倍，而這些化學品又恰恰與很多記錄在案的致命貧血症病例有關，這是巧合嗎？其他干擾細胞分裂的殺蟲劑會不會破壞染色體、引起突變呢？

為何白血病是輻射或者類輻射化學品導致的最常見疾病，這個問題不難理解。這是因為，物理或者化學誘變因素的主要目標是分類活躍的細胞。主要包括各種組織，但最主要的是造血組織。骨髓是紅細胞的主要製造器官，它每秒向血液輸送超過一千萬個新細胞。白血球形成於淋巴腺和一些骨髓細胞中，其速度不定，但也快得驚人。

某些化學物質（如鍶90之類的放射性物質）與骨髓密切相關。苯常用作殺蟲劑的溶劑，它會進入骨髓，並在那裡存留長達20個月的時間。很多年以來，醫學文獻都把苯列為白血病的一個病因。

兒童體內組織生長迅速，也給病變細胞提供了適宜的環境。麥克法蘭．伯內特先生曾指出，白血病不僅在世界範圍內增長，而且已經成為了包括3、4歲兒童在內的常見病了，其他疾病在這個年齡階段沒有如此高的發病率。伯內特先生說：「3、4歲的兒童成爲發病高峰階段只有一種解釋——在出生前後接觸了誘變物質。」

另一種能夠引發癌症的是尿烷。懷孕的母鼠接觸尿烷後，牠們和幼鼠都會患上肺癌。尿烷一定是進入了母鼠的胎盤中，因為實驗幼鼠唯一接觸過尿烷是在出生前完成的。正如休伯博士所警告的那樣，如果人類接觸了尿烷或相關化學品，嬰兒也可能會因為產前接觸而出現腫瘤。

屬於氨基甲酸脂類的尿烷與除草劑IPC和CIPC化學性質類似。儘管有癌症專家的警告，氨基甲酸脂類仍廣泛應用於殺蟲劑、除草劑、除菌劑、塑化劑、藥品、衣物以及絕緣材料等各種產品。

通向癌症的路並不一定就是盡頭。就算在一般情況下不會引發癌症，但也可能破壞身體某部分的機能，導致惡性病變。癌症就是一些重要的例子，尤其是生殖系統的癌症，它們好像與性激素失衡有關；相應地，失衡可能是由於某些因素影響了肝臟保持性激素平衡能力而導致的。氯代烷類產品就具有這種能夠間接致癌的作用，因為它們在一定程度上都能對肝臟造成損傷。

當然了，性激素在體內保持正常水準，而且它們在促進生殖器官發育方面有著重要的作用。但是，我們身體存在某種內在機制，肝臟會控制雄性激素和雌性激素的平衡（這兩種激素同時存在於兩性體內，只是數量上有所不同），以避免其中一種積累過多。但是，如果肝臟受到疾病或者化學品的損傷，或者複合維生素B供應不足的話，肝臟就不能發揮作用。在這種情況下，雌性激素就會超出正常水準。

後果將會如何呢？至少我們在動物實驗中找到了充分的證據。洛克菲勒醫學研究院的一名研究人員發現，因疾病肝臟受損的兔子，其子宮腫瘤的發病率很高，可能是因為肝臟不能再抑制血液中的雌性激素，所以「上升到了致癌的水準」。對小鼠、大鼠、豚鼠和猴子的多項試驗表明，雌性激素的長期主導作用（不一定數量很多）能引起生殖器官組織的變化，「從良性過度增殖到惡性病變」。過多的雌性激素也會使倉鼠患上腎腫瘤。

雖然醫學界對於這一問題存在爭議，但大量證據表明人類組織也可能出現類似的效應。麥基爾大學皇家維多利亞醫院的研究人員發現，在他們研究過的150例子宮癌病例中，有三分之二的患者有雌性激素異常增高的現象。在後來研究的20個病例中，90％存在雌性激素過於活躍的情況。

可能肝臟已經受到了損害，而無法控制雌性激素的水準了，但是現有醫學技術卻檢測不出來。正如我們所知，氯代烷就能輕易導致這種情況，小劑量攝入氯代烷就會引起肝臟細胞的變化。它還能造成維生素B的流失。這也非常重要，因為有很多證據顯示維生素B具有抗癌作用。斯隆—凱特琳癌症研究院院長羅茲（C. P. Rhoads）發現，給動物餵食酵母後，即便接觸強力致癌化學品，牠們也不會得癌症。而酵母中含有豐富的天然維生素B。缺乏維生素可能會導致口腔癌和消化道癌症。不僅在美國，在瑞典和芬蘭兩國的北部也有類似的情況，因為那裡人們的飲食中缺少維生素。營養不良的人群容易患原發性肝癌，例如非洲的班圖部落。非洲部分地區多發男性乳腺癌也與肝病和營養不良有關。戰後，希臘常見的男性乳房增大現象也與饑餓有關。

簡單說來，殺蟲劑能夠損傷肝臟並減少維生素B的供應，導致體內自生的雌性激素增多，進而間接引發癌症。除此之外，我們還會更常接觸到各種合成雌性激素——普遍存在於化妝品、藥品、食物以及相關行業中。

人類與化學品（包括殺蟲劑）接觸是不可控制的，其接觸形式也是多種多樣的。一個人可能會透過多種方式觸及同一化學品。砷就是一個例子。它以不同的形式在人類的生活環境中出現：空氣汙染物、水汙染物、食品藥物殘留、藥品、化妝品、木材防腐劑以及油漆或墨汁染料等。只與其中一種接觸還不足以引起病變，但由於其他化學品「安全劑量」的積累，任何一次單獨接觸都有可能超過承受的限度。

兩種或兩種以上不同的致癌物質會同時起作用，它們的效應還會疊加在一起。比如，一個人接觸了DDT，幾乎必然會接觸其他損傷肝臟的化學品，例如廣泛使用的溶劑、脫漆劑、脫脂劑、乾洗液以及麻醉劑。那麼，DDT的「安全劑量」又該是多少呢？

一種化學品可能影響另一種化學品的特性，這就使情況變得更複雜了。有時候兩種化學藥劑共同作用才能引發癌症，其中一種使細胞或組織變得敏感，然後在另一種化學品或催化劑的作用下，使細胞發生真正的惡變。這樣，除草劑IPC和CIPC就充當了皮膚癌的急先鋒——它們埋下了病變的種子，然後坐等同夥的到來——可能只是普通的清潔劑。

物理元素和化學元素之間也存在相互作用。白血病由兩個步驟形成：X光引發惡變，接著是尿烷之類的化學物質導致促進作用。人類受到的輻射日益增多，再加上接觸各種化學品，構成了現代社會嚴峻的新問題。

放射性物質對水源的汙染也是一個問題。這些物質作為汙染物出現在水裡，同時水裡還有大量的化學物質，可能因電離作用改變而化學物質的特性，使原子重新排列，從而創造出新的化學物質。

全美國的水汙染專家都在擔心清潔劑汙染公共水源的問題。目前還沒有清除它們的辦法。有些清潔劑可能會間接致癌，它們會作用於消化道的內壁，改變組織使其更容易吸收危險的化學品，進而加快致癌效應。但是，誰能預見並控制這種作用呢？具體條件瞬息萬變，致癌物真的有零劑量以外的「安全劑量」嗎？

我們正冒險忍受著環境中的各種致癌物質，近來的一個發現就是很好地例子。一九六一年春天，很多聯邦、州和私人的孵化場裡，大量虹鱒患上了肝癌。美國東部和西部的鱒魚都受到了影響——在一些地區，幾乎所有3歲的鱒魚都患上了肝癌。為了儘早發現人們致癌的水汙染，國家癌症研究所環境癌症科與魚類和野生動物管理局預先達成了檢測魚類腫瘤的協定，才發現了這種情況。

雖然對肝癌爆發的原因仍在研究中，但是最有力的證據指向了經過加工的魚類飼料中的某種成分。這些致癌物除了基本食物外，還包括各種化學添加劑和藥物。

從很多角度看，鱒魚的故事很重要，但最主要的是牠證明了強力致癌物會帶來什麼。休伯博士認為癌症多發是一個嚴重的警告，人類必須控制環境致癌物的數量和種類。「如果不採取預防措施，人類很快就會經歷類似的災難，」休伯博士說道。

正如一位研究人員所形容的，我們生活在「致癌物的海洋裡」，這不免令人沮喪，甚至感到絕望或倒向失敗主義。大部分人的反應是：「這不是無可救藥了嗎？清除致癌物質是不可能的吧？別做無用功了，把精力放在研究治療辦法上，不是更好嗎？」

面對這種問題，休伯博士經過深思熟慮，憑藉多年卓越的研究工作並結合其畢生經驗，給出了值得尊敬的答案。他認為，我們目前面臨的癌症與十九世紀末人類經歷的傳染病極為相似。因為巴斯德和柯霍的傑出工作，病原生物與許多疾病的關係得到了確認。醫務人員和普通群眾都知道，人類生存環境中存在大量致病微生物，就像今天致癌物已經遍及我們周圍一樣。大多數傳染病已經控制在了合理範圍之內，其中一些已經被徹底消滅。這樣的輝煌成就靠的是嚴格的預防和有效的治療兩者結合。儘管在外行人看來是「神奇的藥丸」和「靈丹妙藥」的功勞，但是這場戰爭中，清除病原體才是決定性的勝利。倫敦醫生約翰．史諾（John Snow）根據疾病發生的地方繪製了一張地圖，發現疾病發源於同一個地方，所有居民的用水都來自布羅德街上的一個水泵。在一次迅速且果斷的預防醫學實踐中，史諾醫生拆除了這個水泵的把手。從此，疾病得到了控制——不是神奇的藥片殺死了霍亂細菌（當時還不知道），而是把微生物從環境中清除。治癒患者僅是一個方面，剷除病源在治療方法中也一樣重要。如今肺結核相對少見，很大程度上是因為人們很少接觸到結核細菌。

如今，我們的世界充滿了致癌物質。休伯博士認為，將全部或者大部分精力投入治療癌症（假設能找到治癒的方法）會失敗，因為大量的致癌物質未受影響，它們的致病速度要比無法預料的「治療」快得多。

我們為何遲遲沒有採取這種常識性的方法來治療癌症呢？「與預防措施相比，可能治癒患者更令人興奮、更實在、更迷人和更富成效，」休伯博士說道。然而，預防癌症形成的思路「絕對是更人道的」，而且「一定比癌症治療效果更好」。休伯博士從來不相信「早餐前服用一粒藥丸就能預防癌症」這類的癡心妄想。人們相信這種方法的部分原因是對癌症的誤解，以為癌症雖然神祕卻是由單一原因引起的，因而用單一的療法就能治好。當然，這與真相相去甚遠。就像環境性癌症是由多種化學和物理因素引起的一樣，病變條件形式多樣，生理表現也不盡相同。

即便期盼已久的「突破」變成現實，也不會成為醫治各種惡性疾病的靈丹妙藥。雖然我們還要繼續尋找治療方法來為患者減輕病痛，但是寄希望於一蹴而就解決問題只會給人類帶來傷害。這將是個緩慢的過程，得一步步來。就在我們把大把金錢撒向研究領域、期望找到治癒癌症患者的療法，甚至在我們尋求治療時，我們卻忽視了預防的黃金機會。

這並不意味著我們無計可施。與世紀之交的傳染病比起來，從重要的方面看來，前景是較為樂觀的。當時的世界充滿細菌，就像今天到處是致癌物一樣。但是病菌不是人類投放到環境中的，他們傳播疾病也是無意的。相反，現代環境中的大部分致癌物是人類自己撒播的，只要他們願意，就能清除許多致癌物。致癌的化學品是透過兩種方式扎根於地球的：第一，這也具有諷刺的意味，是由於人們追求更舒適、更便捷的生活；第二，這些化學品的生產和銷售已經成為我們經濟和生活方式的一部分，並變得廣為接受了。

把所有致癌物從現代生活中清除出去是不現實的。但其中大部分絕不是生活的必需品。把這些不必要的化學品拋棄的話，將大大減少致癌物的總量，也會大大降低人們患癌的風險，而現在人口的四分之一面臨患癌的危險。我們需要付出最堅定的努力，杜絕致癌物繼續汙染我們的食物、水源和大氣，因為像這樣的微量接觸最危險，卻長年累月地重複著。

癌症研究領域的很多著名專家也與休伯博士一樣，認為查明環境誘因，清除或減輕其影響，可以顯著減少惡性疾病的發生。對於那些潛在或者明確患癌的病人來說，當務之急是繼續探尋治療方法。對於那些尚未患癌以及尚未出生的後代來說，實行預防措施刻不容緩。

第15章
自然的反擊

Nature Fights Back

為了按照自己的心意改造自然，我們在所不惜，最後卻一敗塗地，這真是莫大的諷刺，但這就是我們的處境。雖然很少提及，然而真相顯而易見，大自然沒那麼容易屈服，昆蟲已經找到了對付化學攻擊的方法。

荷蘭生物學家布雷約說：「昆蟲世界裡有自然中最不可思議的現象。在這裡，沒有什麼不可能，看起來最不可能的事在這裡都司空見慣了。深入研究昆蟲奧祕的人總是被見到的景象弄得目瞪口呆。他知道任何事情都可能發生，即使最不可能的事也時有發生。」

如今有兩個方面正發生著「不可能的事」。透過基因選擇，昆蟲有了抗藥性。下一章將會談到這部分內容。我們需要注意的另一個更廣泛的問題是，我們的化學戰削弱了自然的防線，而正是這樣的機制保持著物種的平衡。每當我們破壞這些機制時，就會有大量害蟲滋生。

從世界各地的報告看來，我們正身陷囹圄。經過了十來年的化學控制，昆蟲學家卻發現早已解決的問題死灰復燃。而且出現了新的動態，那些原本數量不是很多的昆蟲已經肆虐成災。看來，化學控制簡直是弄巧成拙，因為當初的設計和實行都沒有考慮複雜的生物系統，人們就盲目出擊。使用的化學品可能只在少數物種身上做過測試，但並不是全部生物。

如今，很多地方的人認為只有在很早以前的簡單世界裡才存在自然平衡——但是現在已經完全遭到破壞，還不如忘掉它。有些人覺得這樣的想法合乎情理，但是把它當作行動綱領是極其危險的。今天的自然平衡已經不同於世了，但是它依然存在。生物間複雜、精確、高度整合的關係不容忽視，否則就像站在懸崖邊上的人妄圖掙脫地球引力一樣，必定會受到自然的懲罰。自然平衡並不是恒定的，而是處於流動、變化且不斷調整的狀態。有時候，平衡對人類有利；有時候又變得對人類有害，而且經常是由於人類自身活動引起的。

現代社會昆蟲防治計畫的設計過程中，忽略了兩個至關重要的事實。首先，真正有效的昆蟲控制由自然來實施，而不是人類。物種數量由昆蟲學家稱之為環境制約的力量所控制，自生命開始出現就是這樣的。食物的數量、天氣和氣候條件、競爭或獵食者的數量等，都是非常重要的制約因素。「昆蟲不會在世界各地氾濫的最重要因素是昆蟲內部的互相殘殺，」昆蟲學家羅伯特．梅特卡夫（Robert Metcalf）說。然而，現在使用的大部分化學品會殺死所有昆蟲，無論是敵是友都會一掃而光。

第二個被忽略的事實是，一旦制約環境遭到削弱後，某個物種就會以爆炸性的方式迅速繁殖。很多生物的繁殖能力都超乎我們的想像，儘管我們不時能瞥見一些蛛絲馬跡。我記得在學生時代，只要在裝有乾草和水的罐子裡加幾滴原生動物的培養液就會出現奇跡。幾天內，罐子裡充滿小生命——無數的草履蟲，每一個都小如塵埃，在適宜溫度、食物充足、沒有天敵、暫時的伊甸園裡無限繁殖。我也曾見到海邊岩石上布滿了白色的藤壺，還見到過一大群水母連綿數里的壯觀景象，如鬼魅般顫動不已、無邊無際，與海洋融為一體。

冬天，當鱈魚從海洋游到產卵的地方時，我們就能看到大自然的控制作用了。每一隻母魚會產下數百萬魚卵，但是海洋裡的鱈魚卻不會氾濫。每一對鱈魚所產的數百萬魚卵中，只有一小部分能夠長成代替父母的大魚，這就是自然的制約作用。

生物學家常常自我娛樂地設想，如果發生意外災難，自然的制約遭到破壞，只有某一個個體的後代能夠存活，這將會是怎樣的景象？一個世紀之前，湯瑪斯·赫胥黎（Thomas Huxley）曾推測，一隻蚜蟲（不經交配就可以神奇地產生後代）在一年中產生後代的重量相當於鼎盛時期中華帝國總人口的體重。

幸運的是，這只是理論上的極端情況，但是研究動物種群的人最了解擾亂自然秩序帶來的可怕後果。牧民消滅土狼的熱潮造成了田鼠成災，因為土狼控制著田鼠的數量。亞利桑那州凱巴布高原的鹿是人們耳熟能詳的另一個相關案例。鹿群的數量曾經與環境相協調。各種獵食動物（狼、美洲獅、土狼）控制著鹿群數量，使牠們的數量與食物相適應。但是，人們為了「保護」鹿群，殺死了所有的天敵。獵食動物消失後，鹿群大量繁殖，很快食物就不夠了。低矮的植物已經被吃光了，牠們不斷努力吃到高處的樹葉。後來餓死的鹿竟然比獵食動物殺死的還要多。另外，由於鹿群瘋狂地尋找食物，整個環境也遭到了破壞。

田野和森林中的捕食性昆蟲所起的作用與凱巴布高原的狼和土狼一樣。殺死牠們，其他被捕食的昆蟲數量就會迅速增加。

沒人知道地球上到底有多少種昆蟲，因為還有很多種類沒有確定。但是已知的種類就超過70萬。這就意味著，從物種上看，70到80%的地球生物是昆蟲。大部分昆蟲為自然力量所制約，而不是人類的干預。如果不是這樣，真不知道需要多少化學品——或者其他方法——才可能控制牠們的數量。

問題在於，在昆蟲的天敵消失之前，我們幾乎不知道自然的保護作用。我們大多數人對此漠不關心，毫不理會它的美麗和奇妙，以及我們周圍的那些奇特、數目驚人的生命。人們對獵食性昆蟲和寄生蟲的活動也了解甚少。可能我們曾經注意到花園裡的灌叢上一種形狀怪異、姿態兇猛的昆蟲——螳螂，卻很少了解到牠以其他昆蟲為食。但是，只要我們在晚上的時候打著手電筒去花園隨便逛逛，就會發現螳螂正悄悄逼近牠的獵物。這時候，我們就明白了獵食動物與獵物之間的關係。由此，我們就會感受到大自然自我控制的強大力量。

獵食動物（獵食昆蟲）有很多種類。有些昆蟲的動作非常敏捷，可以像燕子一樣在空中捕獲獵物；還有一些昆蟲會沿著樹幹緩緩爬行，沿路吞食像蚜蟲這樣一動不動的小昆蟲。小黃蜂捉到軟體昆蟲後，會把肉汁餵給幼蟲；泥蜂會在屋簷下築起圓柱狀的蜂巢，並在巢裡儲存昆蟲供幼蜂食用；沙黃峰會在牛群上方盤旋，殺死困擾牛群的吸血蠅；常被誤認為蜜蜂嗡嗡直叫的食蚜蠅在滋生蚜蟲的植物上產卵，這樣孵化的幼蟲就可以吃到大量蚜蟲；瓢蟲可以有效地消滅蚜蟲、介殼蟲以及其他食草昆蟲。哪怕只要產一次卵，一隻瓢蟲也需要吃掉成百上千隻蚜蟲才能點燃能量之火。

寄生昆蟲的習性更為特別。牠們並不會直接殺死宿主，而是產生了各種適應性的變化，利用宿主餵養自己的幼蟲。牠們會在獵物的幼蟲或卵裡產卵，這樣幼蟲就可以直接以宿主為食。有的寄生蟲會用黏液把卵附著在毛蟲身上，孵化的時候，幼蟲就從宿主的皮膚中鑽出來。另外一些深謀遠慮的寄生蟲會本能地把卵產在葉子上，這樣覓食的毛蟲會在無意間吞食他們的卵。

在田野、灌木籬牆、花園和森林，到處都是獵食昆蟲和寄生蟲忙碌的身影。池塘的上空，幾隻蜻蜓飛馳而過，在牠們的翅膀上折射出的陽光如火焰般耀眼。牠們的祖先曾生活在擁有巨大爬行類動物的沼澤中。如今，牠們仍像古時候一樣，用銳利的眼睛和籃子般的腿在空中捕捉蚊子。在水下，蜻蜓蛹蟲捕食水生階段的蚊子幼蟲以及其他昆蟲。

草蛉是二疊紀一種古老物種的後代，牠長著綠紗般的翅膀和金色的眼睛，害羞而隱密，趴在葉子上幾乎看不出來。草蛉成蟲主要以花蜜和蚜蟲的蜜汁為食，牠會把卵產在一根長莖的根部，並把卵與葉子固定在一起。在這裡，牠們的奇特而帶刺毛的幼蟲蚜獅降生。蚜獅靠捕食蚜蟲、介殼蟲或蟎蟲為生，牠們捉到蟲子後會吸乾其汁液。在吐出白色的絲繭之前，每隻草蛉可以吃掉幾百隻蚜蟲。

還有很多黃蜂和蠅類，也是以寄生的方式消滅其他昆蟲的卵和幼蟲為生。一些寄生於卵的黃蜂非常小，但是由於數量多且活動量大，許多破壞莊稼的昆蟲數量因此得到了控制。

這些微小的生物都在工作，不分白天黑夜，不論晴天還是下雨，甚至直到嚴寒把生命之火變成一團灰燼，牠們仍在不停地工作。即使在冬天，這種生命也暗中等待，在萬物復甦的春天重新煥發生機。同時，在厚厚的積雪下，在凍得硬實的土層下，在樹皮的縫隙裡，在隱蔽的洞穴裡，寄生蟲和捕食性昆蟲都找到了棲身之處來度過寒冬。

母螳螂將卵安放在附著於灌木樹枝的薄皮小袋裡，因為牠的生命將隨著夏天的消逝而結束。

雌性長腳黃蜂隱藏在被遺忘的樓閣角落裡，體內有的大量受精卵，牠未來的種群都要依靠這些卵。獨自生活的雌蜂生活在一個小小的、薄薄的巢中，在春天時候牠會在各個巢室裡產卵，小心地養育一些工蜂。在工蜂的幫助下，牠會擴建蜂巢，擴大自己的族群。在炎炎夏日覓食的工蜂會吃掉無數的毛蟲。

這樣，由於牠們的生活狀況和我們的需求，這些昆蟲都成了我們的盟友，使自然平衡對我們有利。然而，我們卻把大炮指向自己的朋友。可怕的危險就是，我們嚴重低估了牠們牽制大量敵人的作用，沒有牠們的幫助，敵人一定會危害我們。

每過一年，殺蟲劑的數量、種類以及毒性就會隨之增長，環境制約的前景就變得日益暗淡，而且這種無情的變化是普遍、永久的。隨著時間的流逝，我們可能遇到越來越多嚴重的蟲災，牠們有的傳染疾病，有的毀壞莊稼，其種類大大超出我們的所知範圍。你可能會說：「這些不都是理論上的嗎？反正我這輩子是看不見了。」但是，就是此時此刻確實發生了。據科學刊物記載，在一九五八年就有50種昆蟲涉及到了自然嚴重失衡。每年都會出現更多的例子。近來對於這個問題的一篇評論參考了215篇相關論文，這些論文都報告或者討論了殺蟲劑引起昆蟲數量失衡的不利情況。

有時候，噴撒化學藥劑會適得其反。例如噴藥後，安大略的黑蠅數量就增加到原來的17倍。而在英格蘭，在噴撒了某種有機磷農藥後，白菜蚜蟲的數量便直線上升，數量之多，歷史上絕無僅有。

在其他情況下，噴藥雖然能有效地控制目標昆蟲，卻也打開了充滿害蟲的潘朵拉之盒，之前從未惹麻煩的昆蟲現在卻氾濫成災了。比如，在ＤＤＴ和其他殺蟲劑殺死紅葉蟎的天敵後，這種小動物就遍布世界了。紅葉蟎不是昆蟲，而是一種小的幾乎看不見的八腳生物，與蜘蛛、蠍子、扁虱同屬一類。牠的口器適合穿刺和吸吮，牠們特別喜歡吸食裝點世界的葉綠素。紅葉蟎會用尖細的口器刺入常青樹的針葉表皮細胞內，吸食葉綠素。輕微的感染就會使樹木和灌叢呈現出斑駁點點；如果感染嚴重的話，植物的葉子就會變黃並脫落。

幾年前，西部林區就發生過這樣的事情。在一九五六年，美國林業局在３５８４平方公里的森林上噴撒了ＤＤＴ。噴藥的目的本來是要控制雲杉蚜蟲，但是到了第二年夏天，出現了比蚜蟲更嚴重的問題。從空中鳥瞰時，工作人員發現大片的森林已經枯萎，高大的花旗松正在變黃，針葉也開始脫落。在海倫娜國家森林，在大貝爾特山西坡，在蒙大拿州的其他地區，直到愛達荷州，所有的森林都像被火燒過一樣。很明顯，一九五七年夏天出現了歷史上規模最大、最嚴重的紅葉蟎災難。幾乎所有噴過藥的地方都受到了影響，但其他地方的破壞並不明顯。在尋找先例時，護林員想到了以前幾次紅葉蟎災害，儘管都不如這次嚴重。一九二九年黃石公園麥迪森河、之後的科羅拉多州、一九五六年的新墨西哥州，都出現過類似的情況。每次蟲災爆發都是在噴藥之後（一九二九年是DDT時代之前，當時用的是砷酸鉛）。

為什麼紅葉蟎遇到殺蟲劑會更加繁榮呢？一個明顯的原因是紅葉蟎對殺蟲劑並不敏感。除此之外，還有另外兩個原因。紅葉蟎的數量是由各種捕食性昆蟲共同制約的，比如瓢蟲、瘦蚊、捕食性蟎蟲以及一些掠食性昆蟲等，這些昆蟲對殺蟲劑都非常敏感。第三個原因與紅葉蟎種群內部壓力有關。一個未受影響的蟎蟲種群是非常稠密的，牠們緊緊擠在同一個保護帶之下，以躲避敵人。一旦噴藥，牠們就會分散開來，雖然沒有被殺死，但是也受到了刺激而去尋找適合的環境。這樣，牠們慢慢會找到更廣闊的空間和更充足的食物。在所有的天敵都被殺死之後，牠們不用費力去編織保護帶了。於是，便全力以赴地投入到繁殖中。紅葉蟎產卵數量增長到了原來的3倍不足為奇，這都是拜殺蟲劑所賜。

維吉尼亞州的雪倫多亞河谷是著名的蘋果種植區，當DDT代替砷酸鉛後，一種叫做紅線卷葉蟲的昆蟲便氾濫成災。在這之前，牠的危害並不嚴重；但是這次牠迅速成為了危害最嚴重的果樹害蟲，並席捲了50％的農作物，不僅在本地，而且在美國東部和中西部，隨著DDT的使用增加，牠的身影遍布各地。

這種狀況充滿了諷刺。一九四〇年代末，在新斯科細亞省的果園中，定期噴藥的地方是蘋果蠹蛾（蘋果蟲蛀的原因）最嚴重的區域。而在沒有噴過的地方，蠹蛾不多，也構不成危害。在蘇丹東部噴藥很勤奮，但是效果卻難以令人滿意，那裡的棉花種植戶飽受DDT的危害。在蓋斯三角洲的灌溉區，約有243平方公里的棉花。早期實驗證明，DDT殺蟲效果明顯，於是人們增強了噴藥。從那時起，麻煩就開始了。棉鈴蟲對棉花的危害最大，但是噴藥越多，棉鈴蟲就越多。在未噴藥地區，棉鈴和成熟的棉朵受到的損害就較少。噴藥兩次的地方，棉籽產量驟減。雖然也消滅了一些食葉昆蟲，但由此得到的一些好處又被棉鈴蟲造成的損失抵消了。最後，棉農不得不面對殘酷的事實：不浪費力氣噴藥，棉花的收成可能會更好一點。

在比屬剛果和烏干達，為了對付一種咖啡樹害蟲而大量噴撒了DDT，造成了「災難性的」後果。因為DDT對這種害蟲幾乎沒有任何影響，牠的天敵卻深受其害。在美國，蟲害越演越烈，因為噴藥擾亂了昆蟲世界的動態平衡。近來的兩次噴藥就產生了這樣的問題。一次是南方的火蟻清除計畫，另一次是中西部的日本甲蟲殲滅戰（見第10章和第7章）。

路易斯安那的農田在一九五七年大規模使用了七氯後，卻導致了甘蔗最兇惡的敵人——蔗螟氾濫。噴撒七氯後，蔗螟就肆無忌憚了，因為針對火蟻的藥劑殺死了蔗螟的天敵。作物受到嚴重損失，農民試圖起訴州政府的疏忽大意，沒能提醒他們這樣的後果。

伊利諾州的農民也嘗到了這樣的苦果。伊利諾州東部的農田裡使用了大量狄氏劑來控制日本甲蟲，農民卻發現凡噴過藥的地方玉米螟數量都大大增長了。事實上，這一區域內的玉米螟幾乎是其他地方的2倍。農民可能不了解其中的生物原理，但是毋須科學家提醒，他們已經明白自己做了一筆不划算的買賣。為了消滅一種昆蟲，他們解放了另一種破壞力更強的害蟲。據農業部估計，日本甲蟲每年造成的損失大約為1千萬美元（約新臺幣3億2千萬元），而玉米螟帶來的損失大約是8千5百萬美元（約新臺幣27億6千萬元）。

值得注意的是，人們過去一直依靠自然方法控制這種害蟲。一九一七年，這種昆蟲被無意間帶入美國，二年後，美國政府就開始了大規模的計畫來搜尋並引進玉米螟的寄生蟲。從那時起，有24種寄生蟲從歐洲和東方各國陸續引進，也耗費了不少錢。其中，有5種寄生蟲效果很好。毋須多言，由於噴藥殺死了玉米螟的天敵，這些努力現在都化為烏有了。

如果這些不那麼令人信服，請看看加利福尼亞柑橘園的情況。在一八八〇年代，那裡進行過世界著名的生物防治實驗。一八七二年，加利福尼亞出現了一種以柑橘樹汁為食的介殼蟲。此後的二十五年間，介殼蟲發展成為一種害蟲，很多果園因此損失慘重。新興的柑橘工業面臨破產的局面。很多農民放棄了，都把果樹拔掉了。後來，從澳大利亞引進了一種介殼蟲的寄生蟲——小巧的澳洲瓢蟲。從首批引進的瓢蟲算起2年內，加利福尼亞柑橘種植區的介殼蟲就得到了完全控制。從那時起，人們在柑橘園找上幾天，也找不到一隻介殼蟲。

到了一九四〇年代，柑橘種植戶開始用令人炫目的新型化學品對付其他昆蟲。隨著DDT和其他毒性更強的化學品的出現，瓢蟲從加利福尼亞的很多地區都消失了。當年引進瓢蟲，政府只花了5千美元（約新臺幣16萬元）。這項行動卻每年給果農挽回了幾百萬美元的損失，但是一不留心，受益馬上就付之東流了。很快，介殼蟲捲土重來，造成了半世紀以來的大災難。

「這可能標誌著一個時代的結束」，河濱市柑橘實驗中心的保羅．德巴赫博士（Paul DeBach）說。現在控制介殼蟲的工作變得極其複雜。只有反覆放養澳洲瓢蟲和小心噴藥，才能減少牠們與殺蟲劑的接觸，以維持控制。但是，不管果農怎麼做，牠們的命運或多或少地受到臨近農場主的擺布，因為飄散而來的殺蟲劑已經造成了嚴重的損失……

這些例子都是關於農業害蟲的。那些傳播疾病的昆蟲又是怎樣的呢？我們已經得到很多警示。例如，南太平洋的尼珊島在二戰期間就曾大量噴藥，戰爭結束後，噴藥也停止了。很快，瘧蚊重新入侵了這座島嶼。捕食瘧蚊的昆蟲已經被殺光了，無法及時形成新的種群，因此瘧蚊大肆滋生。馬歇爾．賴爾德（Marshall Laird）描述自己的經歷時，把化學控制比作了一輛自行車——一旦我們踏上去，就會因為害怕跌倒而不敢停下來。

在世界各地，噴藥與疾病的連繫花樣百出。不知為什麼，像蝸牛這樣的軟體動物不受殺蟲劑的影響。這種情況已經出現了許多次。佛羅里達州東部鹽沼大量噴藥後，所有動物死亡殆盡，只有蝸牛倖存下來。當時的景象堪稱是幅恐怖的畫面——可能只有超現實主義的畫筆才能描繪出這一場景。成群的蝸牛在死魚和垂死的螃蟹中間爬來爬去，饕食著毒雨殺死的生物。

但是這種後果為什麼很重要呢？這是因為很多蝸牛是危險的寄生蟲宿主。這些寄生蟲一生中部分時間在軟體動物身上度過，一部分時間是在人體中度過的。血吸蟲就是其中一例，牠們可以透過飲用水或者洗澡水進入人體，引發嚴重的疾病。血吸蟲正是靠其宿主蝸牛進入水中的。這種疾病在亞洲和非洲部分地區尤為嚴重。在有血吸蟲的地方進行昆蟲防治，卻促進了蝸牛的繁殖，就可能導致嚴重的後果。

當然，人類不是蝸牛引發疾病的唯一受害者。部分時間寄生在淡水蝸牛身上的肝吸蟲會導致牛、綿羊、山羊、梅花鹿、麋鹿、兔子以及其他溫血動物患上肝病。感染了蟲子的肝臟不適於人類食用，因此受到嚴格管控。美國的牧民也因此每年損失350萬美元（約新臺幣1億1千萬元）。任何增加蝸牛數量的措施都會使這一問題更加嚴重……

在過去十年裡，這些問題已經投射出了巨大的陰影，但我們的認識卻姍姍來遲。那些最適合研究自然控制並付諸實踐的人員，卻埋頭於更刺激的化學控制果園裡，忙得不亦樂乎。據說，在一九六〇年，全美國只有2％的昆蟲學家從事生物防治領域的工作，其餘的98％大都在研究化學殺蟲劑。

為什麼會這樣呢？主要的化學公司把大量資金撒向大學，用於支援化學藥劑的研究。這就產生了誘人的研究生獎學金和研究職位。而生物防治從來都沒有如此多的捐贈，原因很簡單：生物防控無法給任何人帶來像化學工業那樣的巨額利潤。這些研究就由州和聯邦機構承擔，而這些地方投入的資金就少的可憐了。

這也解釋了，為什麼一些著名的昆蟲學家都對化學推崇備至。調查這些人的背景發現，他們的整個研究專案就是由化學企業資助的。他們的聲望，甚至工作都依賴於化學方法的存續。難道我們還能指望他們明辨是非嗎？知道了他們的偏見之後，我們還能相信殺蟲劑是無害的嗎？

在化學品成為主要防治方法的歡呼中，少數昆蟲學家提出了一些異議，因為他們沒有忘記自己是生物學家，而不是化學家或者工程師。

英國的雅各（F. H. Jacob）說：「從所謂的應用昆蟲學家的角度看，小小的噴嘴就能解決一切問題……但是如果問題復發、出現抗藥性或者哺乳動物中毒，化學家就會準備好另一種藥劑。但情況並非如此……最終只有生物學家才能給出以蟲害防治基本問題的最佳答案。」

新斯科細亞省的皮克特寫道：「應用昆蟲學家必須明白，他們是在跟生物打交道。他們要做的不僅是簡單的殺蟲劑檢測，或者尋找劇毒化學品。」皮克特博士就是理性昆蟲防治領域的先驅，其研究方法充分利用了捕食性昆蟲和寄生蟲。他和同事提出的方法已經成為光輝的典範，很難找到望其項背的措施。只有在加州一些昆蟲學家提出的綜合防治計畫中，我們才發現在美國一些方法也有異曲同工之妙。

大約三十五年前，皮克特博士在安納波利斯谷的蘋果園裡開始了他的研究，那裡是加拿大最集中的水果產區。那時候，人們都認為殺蟲劑（當時是無機化學物）會解決昆蟲防治難題，因此，唯一的任務就是勸導果農使用他們的建議。但是，美好的願景並沒有實現。昆蟲頑強地生存下來了。於是，人們增添了新的化學藥劑，發明了更好的噴藥設備，噴藥的熱情也愈發膨脹，但是昆蟲難題仍然沒有改觀。隨後，人們又說ＤＤＴ是「噩夢的終結者」。實際上，ＤＤＴ的使用引起了一場史無前例的蟎蟲災害。皮克特博士說：「我們只不過是從一場危機走向另一場危機，用一個難題代替另一個難題而已。」

基於這種觀點，皮克特博士和他的同事提出了全新的方法，而不是跟其他的昆蟲學家一樣踏上尋找更強化學品的老路。他們發現自然界中也存在著人類的盟友，於是制定了一項儘量利用自然控制、最少使用殺蟲劑的計畫。需要使用殺蟲劑時，只用最小劑量，剛好控制害蟲，又不會對益蟲造成危害。他們還會考慮適當的時機。比如，在蘋果花變成粉紅色之前使用硫酸菸鹼，一種重要的捕食性昆蟲就會得以倖免，因為那時候牠們還沒有孵化。

皮克特博士對於化學品的選擇非常謹慎，儘量減少了對寄生蟲和捕食性昆蟲的傷害。他說：「如果我們像過去使用無機化學藥劑那樣來噴撒DDT、巴拉松、氯丹和其他新型殺蟲的話，那些熱衷於生物防控的昆蟲學家也會認輸的。」他沒有使用毒性較強、橫掃一切的殺蟲劑，而主要依靠魚尼丁（取自一種熱帶植物的地下根莖）、硫酸菸鹼和砷酸鉛。在某些情況下也會少量使用DDT和馬拉松（每378公升添加28到56克，而不是通常的每378公升添加453到9百克）。雖然這兩種化學藥劑是現代殺蟲劑中毒性最小的，但皮克特博士仍希望透過進一步研究，找到更安全、更有針對性的材料來代替它們。

這項計畫的效果如何呢？在新斯科舍省，採用皮克特博士計畫的果農收穫的優質水果產量比起那些大量噴藥的毫不遜色。他們的總產量也不相上下，但是參與這項計畫的果農成本要小得多。新斯科舍省蘋果園的農藥成本僅是其他地區的10到20%。

比這些喜人的成果更重要的是，新斯科舍省的昆蟲學家發明的改良計畫不會破壞自然平衡。這種情況讓十年前加拿大昆蟲學家烏里耶特（G. C. Ullyett）一語成讖：「我們必須改變自己的觀點，摒棄人類是優等物種的態度，並承認在多數情況下，我們可以從自然環境中找到限制生物數量的方法比起我們親自動手來得划算。」

第16章

雪崩的轟鳴

The Rumblings of an Avalanche

如果達爾文活到今天，他一定會感到興奮和震驚，因為昆蟲無比堅定地證明了適者生存理論的正確性。在密集化學藥劑的重壓之下，那些適應力較弱的昆蟲已經消失。如今，很多地區只有身體強壯並且適應能力強的昆蟲，才能在化學藥物之中生存下來。

大約在半個世紀之前，華盛頓州立大學的昆蟲學教授梅蘭德（A. L. Melander）問了一個現在看來不用回答也知道答案的問題：「昆蟲會產生抗藥性嗎？」如果梅蘭德不知道答案，或知道得較晚，那只是因為他問的太早——一九一四年，而不是四十年後。在DDT時代之前，使用的無機化學藥劑現在看來是適度的，卻創造了能夠適應藥劑和藥粉的多種昆蟲。梅蘭德也遇到過梨園蚧難題，多年來石硫合劑控制這種昆蟲的效果令人滿意。之後，在華盛頓的克拉克森林地區，這種昆蟲開始變得難以管控——比起韋納奇果園、雅基馬山谷以及其他地區的此類昆蟲，殺死牠們要更加困難。

突然，全國各地的介殼蟲好似醍醐灌頂一般頓悟了：果農慷慨勤奮地噴撒藥劑之後，牠們並不是非死不可。在中西部地區，成千上萬英畝的優良果園被抗藥昆蟲徹底糟蹋了。

在加利福尼亞，用帆布把樹罩起來，再用氫氰酸薰蒸這種歷史悠久的方法也已經失效了。因此，加利福尼亞柑橘試驗中心開始研究這個問題，這項研究從一九一五年開始一直持續了二十五年。儘管在過去的四十多年裡，砷酸鉛對蘋果蠹蛾的控制效果一直很好，但從一九二〇年代開始，蘋果蠹蛾逐漸進化出了抗藥性。

然而，只有在DDT及其同類化學品出現之後，抗藥性時代才真正來臨。僅僅幾年的時間，這個兇險的問題就出現了，稍微了解一點昆蟲知識或者動物種群動態的人都不會感到驚訝。但是，人們對於昆蟲抗藥性的認識卻來得非常緩慢。現在看來，只有那些關注傳播疾病昆蟲的人才完全明白當時的緊急情況。大多數農學家仍然樂觀地指望發明新的、毒性更強的化學品，而當前的困境正是由這種似是而非的推理造成的。

昆蟲的抗藥性卻完全相反，發展得極其迅速。一九四五年之前，大約只有12種昆蟲對前DDT時代的殺蟲劑有抗藥性。隨著新型有機化學品的和大規模噴藥的應用，抗藥性迅速發展，到了一九六〇年，已經有137種昆蟲有了抗藥性。也絕不會到此為止。目前，關於這一方面已經發表了1千多篇的技術論文。世界衛生組織從世界各地召集了大約三百名科學家，宣布「抗藥性是帶菌昆蟲防治面臨的最重要問題」。英國著名的動物種群專家查理斯·愛爾頓博士說：「我們已經聽到了大雪崩來臨之前的轟鳴聲。」

有時候，抗藥性發展得如此之快，以至於用一種化學品成功控制一種昆蟲報告的墨蹟還沒乾，就得緊接著發布修改版的報告。例如，南非牧場主們深受藍扁虱的困擾，單在一個牧場每年就有6百頭牛命喪於藍扁虱。多年來，藍扁虱已經對砷劑產生了抗藥性。後來人們又試用了六氯聯苯，短時期內效果很好。一九四九年初發布的報告宣稱，新的化學品可以輕易控制藍扁虱；但是當年晚些時候，又有公告稱扁虱已經對新的化學品產生了抗藥性。這一情況促使某位作家在一九五〇年的《皮革貿易評論》（*Leather Trades Review*）雜誌上寫道：「如果人們真正了解這件事的重要性，有關科學圈的祕聞和國外媒體的點滴報導，便足以像原子彈那樣上頭版頭條。」

雖然昆蟲的抗藥性是農業和林業關注的問題，但在公共衛生領域也引發了嚴重的恐慌。昆蟲與人類疾病之間的關係源遠流長。瘧蚊會向人體血液注射單細胞的瘧疾病原體；其他蚊子還會傳播黃熱病，甚至傳播腦炎；家蠅雖然不叮人，但也會使人類食物感染痢疾桿菌；在世界上很多地區，家蠅還可能會傳播眼病。疾病和昆蟲攜帶者的名單包括：斑疹傷寒和蝨子、鼠疫和鼠蚤、非洲布氏錐蟲和舌蠅引起的嗜睡病、各種發燒症狀和扁虱等。

這些問題非常重要，必須抓緊解決。一個有責任心的人不會說可以對此聽之任之。目前最迫切的問題是，明知這些方法會使情況變得更加糟糕，仍然採用這些辦法是否明智或者負責任。人們聽慣了控制帶菌昆蟲、戰勝疾病的聲音了，卻很少了解到故事的另一面——失敗，勝利的短暫性有力地證明了我們的方法會使昆蟲變得更加強大。

更糟糕的是，我們可能已經親手破壞了戰爭的手段。加拿大著名的昆蟲學家布朗博士受僱於世界衛生組織，全面調查抗藥性問題。在一九五八年出版的專題著作中，布朗博士說：「在公共健康計畫中使用強力合成殺蟲劑不到十年，出現的主要技術問題是曾治理過的昆蟲就有了抗藥性。」在出版這部專題著作時，世界衛生組織警告說：「目前針對昆蟲傳播疾病（例如瘧疾、斑疹傷寒、鼠疫）的積極行動正面臨挫敗的風險，除非新的問題得到迅速解決。」

挫敗的程度如何呢？當今，主要採用藥物處理過的昆蟲都產生了抗藥性。很明顯，黑蠅、沙蠅和舌蠅還沒有產生抗藥性。另一方面，全球的家蠅和蝨子已經產生了抗藥性。抗瘧計畫也受到了蚊子抗藥性的威脅。東方鼠蚤——鼠疫的主要傳播者，身上出現了最嚴重的問題——近來已經證明牠們對ＤＤＴ產生了抗藥性。各大洲的國家和絕大多數島國傳出各種物種抗藥性的報導不絕於耳。

義大利在一九四三年首次使用現代殺蟲劑。當時，盟軍政府把ＤＤＴ灑向人群，成功地治癒了斑疹傷寒。二年後，為了控制瘧蚊，各國又把剩餘的藥物噴撒完了。僅在一年之後，麻煩的徵兆就出現了。家蠅和庫蚊都產生了抗藥性。作為ＤＤＴ的補充，人們在一九四八年試用了的新化學品——氯丹。這次，良好的控制效果持續了兩年。到了一九五〇年八月，抗氯丹蒼蠅出現了；到了該年年底，所有的家蠅和庫蚊都對氯丹產生了抗藥性。抗藥性的發展速度簡直與新型化學品的投入並駕齊驅。

到了一九五一年年底，DDT、甲氧氯、氯丹、七氯和六氯聯苯等化學品功效盡失。而蒼蠅卻「多得出奇」。在一九四○年代末，上述事件又在義大利的薩丁島重複上演。丹麥於一九四四年首次使用DDT，到了一九四七年，很多地方的蒼蠅控制都失敗了。在埃及一些地區的蒼蠅早在一九四八年就產生了抗藥性；之後人們使用BHC代替，但效果也只持續了不到一年。埃及的一個村莊就是這一問題的典型代表。一九五○年，殺蟲劑防治蒼蠅效果良好，在這一年中，嬰兒的死亡率降低了近50％。然而，到了第二年，蒼蠅對DDT和氯丹就產生了抗藥性。蒼蠅恢復了之前的水準；嬰兒死亡率也隨之提高。

到了一九四八年，美國田納西河谷的蒼蠅已經對DDT普遍產生了抗藥性。其他地區也毫無例外。後來，人們嘗試了狄氏劑，但沒什麼效果，因為有些地區的蒼蠅在兩個月內就對這種化學品產生了很強的抗藥性。把氯代烷產品試用一遍之後，防控部門又把目光轉向了有機磷，結果相同的故事又再次上演了。目前專家的結論是：「家蠅已經超出了殺蟲劑的控制範圍，需要從日常衛生著手。」

義大利那不勒斯的蝨子防控是DDT最早、最值得稱道的戰績之一。幾年之後，在一九四五年到一九四六年冬天，這一成績終於被刷新了，因為DDT又成功控制了影響日本和韓國2百萬人的蝨子問題。一九四八年，西班牙斑疹傷寒防治的失敗預示著困難即將來臨。儘管在實際行動中遭受挫折，但是令人振奮的實驗結果讓昆蟲學家相信蝨子不會產生抗藥性。在一九五〇年到一九五一年冬天，韓國發生的事件著實令人吃驚。一批韓國士兵在使用了DDT藥粉後，蝨子反而更多了。把蝨子蒐集起來檢測後發現，5%的DDT並不能提高蝨子自然死亡率。從東京的流浪者身上、板橋區的貧民窟以及敘利亞、約旦、埃及東部的難民營蒐集來的蝨子，經檢測也證明DDT已經無法控制蝨子和斑疹傷寒了。到了一九五七年，對DDT有抗藥性的蝨子已經擴展到了伊朗、土耳其、衣索比亞、西非、南非、祕魯、智利、法國、南斯拉夫、阿富汗、烏干達、墨西哥以及坦加尼喀，義大利曾經的勝利已經成為歷史了。

對DDT產生抗藥性的第一種瘧蚊是希臘的薩氏按蚊。一九四六年開始了大規模噴藥，效果不錯；到了一九四九年，有人發現，在噴過藥的家舍和牛棚裡雖然不見蚊子，但路橋下卻聚集了大量的成年蚊子。很快，牠們的棲息地蔓延到洞穴、外屋、陰溝以及橘子樹的葉子和樹幹上。很明顯，成年蚊子已經對DDT產生了足夠的抗藥性，能夠從噴藥的建築裡逃出來，並在野外慢慢恢復。幾個月後，家裡的牆上又會出現蚊子。

這只是巨大災難的前兆而已。瘧蚊對殺蟲劑的抗藥性發展非常快，這正是房屋徹底噴藥的後果。在一九五六年，只有5種瘧蚊有抗藥性；到了一九六〇年初，這一數字已經增加到了28種。其中包括西非、中東、中美、印尼和東歐地區等地的危險瘧蚊。

傳播其他疾病的蚊子也出現了同樣的情況。某種帶有寄生蟲的熱帶蚊子能引起象皮病等疾病，如今已在世界各地產生了抗藥性。在美國一些地區，傳播馬腦炎的蚊子已經有了抗藥性。而傳播黃熱病的蚊子更嚴重，幾個世紀以來這種病一直是世界上的主要災難。抗藥黃熱病蚊子已經出現在東南亞，在加勒比地區也非常普遍。

世界上很多地方的報告都證明了抗藥性引起瘧疾和其他疾病。一九五四年，千里達島上蚊子的抗藥性使得控制計畫失敗，導致了黃熱病爆發。印尼和伊朗的瘧疾也出現了惡化。在希臘、奈及利亞和賴比瑞亞，蚊子仍在傳播瘧疾病原蟲。在喬治亞州，蒼蠅控制計畫暫時緩解了腹瀉，但不到一年，取得的成果就毀於一旦。在埃及，這項計畫暫時降低了急性結膜炎發病率，但是這種方法到了一九五〇年就失效了。

佛羅里達州的鹽沼蚊也產生了抗藥性，雖然不會影響人類健康，卻造成了不小的經濟損失。鹽沼蚊不傳播疾病，但是牠們成群結對、密不透風，使佛羅里達大片沿海地區變得不適於人類居住，經過一番努力實現了短暫的控制之後，牠們很快又恢復了原樣。

很多地方的家蚊也出現了抗藥性，所以很多社區定期大肆噴藥的計畫應該暫停一下了。如今，在義大利、以色列、日本、法國以及美國部分地區（加利福尼亞、俄亥俄、紐澤西、麻薩諸塞等地），家蚊已經對幾種殺蟲劑有了抗藥性，包括使用最廣泛的DDT。

另一個問題就是扁虱。最近，傳播斑疹熱的美洲狗蜱和血紅扇頭蜱等虱蟲已經建立好了防禦措施。這就給人類和狗出了一道難題。血紅扇頭蜱是一種亞熱帶昆蟲，牠們來到遙遠的北方，在紐澤西州定居，冬天只能在溫暖的室內度過。一九五九年夏天，美國自然歷史博物館的約翰·帕里斯特博士（John C. Pallister）報告說：「每棟公寓時不時地就會滋生大量幼虱，而且很難清除。狗可能會在中央公園偶爾沾上蝨子，然後蝨子在狗身上開始產卵，並在公寓裡孵化。牠們好像對DDT、氯丹以及大部分現代噴劑免疫。過去紐約市很少見到蝨子，現在紐約市、長島、西徹斯特市直到康乃狄克州，到處都是蝨子。在過去的五、六年裡，我們發現這種情況尤為明顯。」

在北美大部地區，德國蟑螂對氯丹產生了抗藥性。這是過去滅蟲人員最愛的武器，現在他們轉而使用有機磷殺蟲劑。然而，牠們又對這些藥劑產生了抗藥性，這下，滅蟲專家真的走投無路了。隨著抗藥性的發展，防治機構正輪番使用各種殺蟲劑。儘管憑藉科學家的聰明才智能夠不斷提供新的化學品，但這並不是長久之計。布朗博士指出，人類正行進在一條「單行道」上。這條路有多長，無人知曉。如果我們還來不及控制帶病昆蟲卻走到了路的盡頭，那就真的危險了。

農業害蟲的情況也如出一轍。最開始對無機化學藥劑有抗藥性的昆蟲大約有12種，現在又增加了多種昆蟲對DDT、BHC、靈丹、毒殺芬、狄氏劑、艾氏劑以及寄予厚望的磷酸鹽都產生了抗藥性。在一九六〇年，危害農作物的昆蟲中產生抗藥性的共有65種。

一九五一年，首次對DDT產生抗藥性的農業昆蟲在美國出現，這大約是首次使用DDT六年之後。現在有6種棉花昆蟲，外加薊馬、果蛾、葉蟬、毛蟲、蟎蟲、蚜蟲、鐵線蟲以及其他昆蟲，都可以對漫天飛舞的農藥視而不見了。

化學企業不願面對抗藥性的事實，倒也可以理解。甚至到了一九五九年，在超過百種昆蟲產生明顯抗藥性的情況下，一家農業化工領域的權威期刊還懷疑抗藥性是「真的還是想像出來的」。即使化工企業閉目塞聽，但問題依然存在，而且帶來了慘痛的經濟損失。其中一個就是使用化學品的成本不斷增加。提前儲存大量化學品已經不現實了——今天還是效果最好的殺蟲劑，明天就可能讓人失望透頂。用於支持和推廣殺蟲劑的大量資金可能全數打水漂，因為昆蟲再一次證明了暴力手段對於自然是無效的。不管殺蟲劑的研發和應用方法的更新速度有多快，昆蟲總是領先一步……

即使達爾文也不可能發現比抗藥性機制證明自然選擇更有力的例子了。在原始的種群裡，每只昆蟲的身體結構、行為、生理機制都不一樣，只有「強壯」的昆蟲才能在化學攻擊中存活下來。噴藥只會殺死弱小的昆蟲。倖存下來的昆蟲具備一種與生俱來的特質，能夠抵禦傷害。這些昆蟲的後代透過遺傳就輕易地獲得了先輩「強壯」的特質。使用強力化學品使問題變得更加糟糕，無法避免地產生了這樣的問題。幾代之後，昆蟲就不再是強弱混雜了，牠們蛻變成身體強壯、抗藥性十足的種群。

昆蟲抵禦化學品侵害的方式多種多樣，人們還不太清楚其中的機制。據說一些昆蟲具備結構優勢來抵抗化學品侵襲，但是並沒有確鑿的證據。從大量觀察來看，一些昆蟲確實具有免疫性，例如，布雷約博士在丹麥佛碧泉蟲害防治研究所對蒼蠅進行觀察後說：「牠們在充滿DDT的環境中從容嬉戲，就像原始社會的巫師在紅紅的炭火上跳舞一樣。」

世界上其他地方也得出了類似的報告。在馬來西亞吉隆坡，一開始蚊子會逃離噴了DDT的房間。隨著抗藥性的增強，牠們又回來了，在牠們停留的地方，借著手電筒的燈光可以清楚地看到DDT的殘渣。在臺灣南部的一個軍營裡，抗藥臭蟲身上居然帶著DDT粉末爬來爬去。把這些臭蟲包裹在浸染了DDT的布條裡，牠們可以存活一個月之久——牠們還產了卵，幼蟲竟然還茁壯成長起來。

但是，抗藥特性不一定依賴身體構造。抗DDT蒼蠅體內有一種酶，可以幫助蒼蠅把DDT轉變為毒性較弱的DDE。只有抗DDT遺傳基因的蒼蠅體內才具有這種酶。這種基因當然也會遺傳下去。至於蒼蠅和其他昆蟲如何削弱有機磷化學品的毒性就不太清楚了。

昆蟲的某些行為也能避免與化學品的接觸。許多工人發現，抗藥蒼蠅更多停留在未噴藥的平面，而不會落在噴藥的牆上。牠們習慣於停留在某個固定的地方，這樣就大大減少了接觸藥物殘留的頻率。一些瘧蚊的習性可以使牠們完全避開與ＤＤＴ的接觸，這樣就相當於獲得了免疫性。一旦噴藥受到刺激，牠們就會離開室內，到戶外生存。

一般來說，昆蟲產生抗藥性需要經過兩到三年的時間，有時候僅需要一季，甚至更短。在另一種極端情況下，也可能需要長達六年。昆蟲種群每年內繁殖的後代數量也很重要，這取決於物種和氣候等因素。例如，加拿大蒼蠅產生抗藥性的速度就比美國南部的蒼蠅慢，因為美國南部漫長而炎熱的夏季有利於蒼蠅的繁殖。

有時候，人們會滿懷希冀地問：「既然昆蟲能夠產生抗藥性，那麼人類呢？」理論上人類也可以；但是可能需要幾百年，甚至幾千年，所以對於現在的人類而言遠水解不了近渴。抗藥性不是在某個個體身上產生的。如果一個人天生對毒素不敏感，他可能存活下來，繁衍後代。抗藥性是一個群體經過幾代甚至很多代才形成的。人類繁衍的速度是每世紀三代，而昆蟲繁殖的速度是幾天或幾週。

「在某些情況下承受一點損失，要比失去戰鬥力而付出長期代價要合算得多，」布雷約博士在荷蘭任植物保護局局長時說道，「好的建議是噴得『越少越好』，而不是『盡力多噴』……害蟲群體的壓力越小越好」。

不幸地是，美國農業部並不認可這樣的觀點。在農業部一九五二年的年鑑裡，專門討論了昆蟲問題，承認了昆蟲抗藥性的事實，卻認為「爲了實現有效控制，需要使用更多的殺蟲劑」。然而，農業部並沒有告訴人們，若唯一尚未試用的化學品，不僅會使地球上沒有昆蟲，也沒有生物，屆時將會發生什麼。一九五九年，就在農業部提出建議僅僅七年後，《農業和食品化學》（*Journal of Agricultural and Food Chemistry*）雜誌引用了康乃狄克州一位昆蟲學家說過的話：對至少一、兩種昆蟲有效的最後一種化學品已經派上了用場。布雷約博士說：

再明顯不過了，我們踏上了一條危險的道路……我們需要花大力氣研究其他控制方法，必須是生物防治，而不是化學控制。我們應該十分謹慎地引導自然向我們需要的方向發展，而不是使用暴力……

我們需要更高層次的思維和更深刻的洞察力，但是多數研究人員卻不具備這樣的素質。生命是一個奇跡，超越了我們的理解，甚至在我們不得不與之爲敵的時候，也要心

存敬畏……訴諸武力，比如殺蟲劑，充分證明了我們知識匱乏且能力不足，如果懂得如何引導自然發展，完全不必使用武力。我們需要的是謙卑的態度，而不是對科學盲目自負。

第17章 另闢蹊徑

The Other Road

我們正站在兩條路的交叉口。但是與羅伯特．弗羅斯特（Robert Frost）著名詩歌中的路不一樣，這兩條路是截然相反的。我們長期以來一直行駛在具有欺騙性的路上，貌似平坦而舒適，但是災難卻在盡頭正對我們虎視眈眈。而另一條「人跡罕至」的岔路為我們保護地球提供了最後一個機會。

歸根究柢，走哪條路最終取決於我們自己。在承受了這麼多災難後，我們終於獲得了「知情權」，並且明白我們被捲進了愚蠢恐怖的風險中，我們就不該再相信到處使用有毒化學品的建議，而要四處尋找，看看還有沒有其他道路對我們敞開大門。

除了用化學方法控制昆蟲外，還可以利用其他多種神奇的方法。其中有些已經應用，並取得了明顯的效果。有的則處於實驗階段。還有一些存在於想像豐富的科學家的頭腦中，還沒有進入實驗領域。所有的方法都有一個共性：都是生物防治法，以對控制目標和整個生態的透徹了解為基礎。生物領域的專家學者都參與進來，包括昆蟲學家、病理學家、遺傳學家、生理學家、生化學家以及生態學家——所有的人都把自己的知識和靈感注入到創建這門新的科學——生物防治學。

約翰．霍普金斯大學的生物學家卡爾．斯旺森教授（Carl P. Swanson）說：「每門科學都可以看作一條河流，其源頭隱約朦朧，時而平緩，時而湍急；有時乾涸，有時高漲。研究人員勤奮地工作和眾多思想支流匯集，使河流勢頭逐漸迅猛；新的概念和理論逐漸產生，又使它得以拓寬加深。」

現代意義的生物防治科學也是如此。一個世紀之前，為了消滅農業害蟲，首次引進了這種昆蟲的天敵，卻給農民帶來了困擾，這算是生物防治在美國的模糊起源。這門科學有時步履維艱，有時裹足不前，但在偶然成功案例的促進下又能突飛猛進。一九四〇年代，應用昆蟲學領域的研究人員被五花八門的殺蟲劑弄得心迷意亂，最終他們拋棄了生物防治，走上了「化學控制」這台跑步機，生物防治科學從此進入了乾涸時期。但是我們與沒有昆蟲的目標卻漸行漸遠。如今，人們終於徹底醒悟了，因為毫無顧忌地噴撒化學藥劑對我們造成的傷害比昆蟲的更大。於是，生物防治之河又重新流動起來，新的思想也開始不斷湧入。

一些新的方法非常誘人，試圖讓昆蟲窩裡鬥——利用昆蟲自身的力量來消滅同類。其中最令人歎為觀止的是「雄蚊絕育」技術。這種方法是美國農業部昆蟲研究所負責人愛德華．尼普林博士（Edward Knipling）和他的同事共同研發的。

大約在二十五年前，尼普林博士提出了這個獨特的防治方法，令同事非常震驚。他提出，如果能讓大量的雄性昆蟲絕育，然後放出去，在特定的條件下使牠們與野生雄性昆蟲競爭並取勝，如此反覆釋放幾次的話，昆蟲就排出的卵很可能無法孵化，這個物種就逐漸消失了。

官方對這個想法無動於衷，一些科學家也深感懷疑，但是這個想法卻牢牢占據了尼普林的大腦。在付諸實驗之前，還有一個問題有待解決——必須找到絕育的可行方法。理論上，在一九一六年的時候，人們就知道了X光可以造成昆蟲絕育，當時，昆蟲學家朗納（G. A. Runner）發現了菸草甲蟲這種絕育的現象。赫爾曼．馬勒用X光引起突變的開創性研究，開闢了在一九二〇年代後期思想的全新領域，到了二十世紀中期，許多研究人員都報告了用X光或伽馬射線使至少12種昆蟲絕育的情況。

這些還只是實驗，離實際應用還有很長的路程。大約在一九五〇年，尼普林博士開始了艱苦的努力，試圖以絕育技術解決困擾南部牲畜的一種害蟲——螺旋蠅。這種蒼蠅會把卵產在溫血動物的傷口上。孵化出的幼蟲以宿主的肉為生。一頭成年肉用牛在十天內就會死於嚴重感染。美國每年牲畜因此損失總數高達4千萬美元（約新臺幣13億元）。野生動物的死亡數量更是多到無法估算。德克薩斯州一些地區的鹿群稀少就是螺旋蠅造成的。螺旋蠅是熱帶或者亞熱帶昆蟲，生活在美洲中南部、墨西哥以及美國西南部。大約在一九三三年，螺旋蠅意外地進入了佛羅里達州，那裡的氣候允許牠們熬過冬季，並繁衍生息。牠們甚至推進到了阿拉巴馬州南部和喬治亞洲，很快，美國東南部的畜牧業損失就上升到了每年2千萬美元（約新臺幣7萬元）。

在過去很長時間裡，德克薩斯州農業部的科學家蒐集了大量有關螺旋蠅的生理特性。到了一九五四年，在佛羅里達州的島嶼上進行了初步的野外實驗後，尼普林博士把他的理論運用到大規模實驗中。在荷蘭政府的安排下，他去了離大陸足有80公里遠的加勒比海庫拉索島。

從一九五四年八月開始，在佛羅里達州農業實驗室培養並絕育的螺旋蠅，被空運至庫拉索島，並以每週1036平方公里的速度投放。實驗山羊身上的卵立刻就減少了，同時卵的能育性也下降了。投放僅僅七週之後，所有的卵就不能孵化了。很快，一個卵團也找不到了。庫拉索島上的螺旋蠅被徹底消滅了。

這項實驗的巨大成功刺激了佛羅里達的牧民，他們希望這種方法能消滅當地的螺旋蠅。但是困難相對較大——佛羅里達州面積是庫拉索島的3百倍。一九五七年，美國農業部和佛羅里達州政府共同為清除計畫提供資金。這項計畫包括在特製的「蒼蠅工廠」裡每週生產5千萬隻螺旋蠅；20架輕型飛機按預設的飛行模式每天飛行5、6個小時，每架飛機上攜帶1千個紙盒，每個紙盒裡裝有2百到4百隻絕育蒼蠅。

一九五七到一九五八年冬天天寒地凍，佛羅里達北部氣溫很低，螺旋蠅種群被限制在狹小的區域內，為計畫的實施提供了絕佳的機會。17個月後計畫完成了，總共有35隻億人工培養、絕育的螺旋蠅被投放到佛羅里達全境，以及喬治亞州和阿拉巴馬州的部分地區。最後一隻傷口感染螺旋蠅的動物發現於一九五九年二月。在之後的幾個星期裡，又有幾隻成年螺旋蠅落入陷阱。此後，螺旋蠅便銷聲匿跡了。東南部地區螺旋蠅的滅絕展現了科學創新的價值，其中細緻的基礎研究、毅力和決心也功不可沒。

如今，密西西比州修建了一條隔離網來防止螺旋蠅再次入侵。螺旋蠅在西南地區根深蒂固，因為那裡地域廣袤，另外螺旋蠅還可以從墨西哥重新進入，所以清除難度非常大。儘管如此，由於意義重大，農業部希望至少能把螺旋蠅控制在較低水準，德克薩斯州以及西南部其他受害地區可能很快就能開始實行這項計畫……

消滅螺旋蠅的戰役取得的輝煌勝利，激起了用相同的辦法對付其他昆蟲的極大興趣。也不是所有的昆蟲都適合採用這種技術，是否適合很大程度上取決於昆蟲的生活習性、種群密度和對輻射的反應。英國正在進行諸多實驗，希望能用這種方法對付羅德西亞的舌蠅。這種昆蟲在非洲三分之一的土地上肆虐，不僅對人類健康構成了威脅，而且妨礙了1165萬平方公里草原上的畜牧業。舌蠅的習性與螺旋蠅截然不同，雖然輻射也可以使其絕育，但在應用之前還需要解決一部分技術難題。

英國已經測試了很多其他昆蟲對輻射的敏感性。美國科學家由夏威夷實驗室的測試以及遙遠的羅塔島上的實地實驗，得出了一些關於瓜蠅以及東方和地中海果蠅的階段性的成果，令人欣慰。玉米螟和蔗螟也接受了測試。有可能這些對人類影響較大的昆蟲都可以透過絕育技術實現控制。一位智利科學家指出，雖然使用了殺蟲劑，瘧蚊在智利依然存在，只有投放絕育雄蚊才可能給瘧蚊致命一擊。

輻射絕育困難重重，所以人們開始尋求其他效果類似的辦法。現在，越來越多的人開始關注不育劑。在佛羅里達州的奧蘭多農業實驗室，科學家在實驗室裡和野外把化學藥劑摻入家蠅喜愛的食物中，來使牠們不育。一九六一年，在佛羅里達群島的一座小島上，一個蒼蠅群落在五週內就被徹底消滅了。之後，由於附近島嶼上蒼蠅蔓延，蠅群得到了恢復，但是作為一項試驗，此舉無疑是成功的。不難理解，農業部一定會為這個方法興奮不已。首先，正如我們所見，殺蟲劑已經無法控制家蠅了。毫無疑問，我們迫切地需要全新的控制方法。輻射絕育的一個問題就是，它不僅需要人工培養，而且投放的絕育雄蠅數量要遠遠超過野生雄蠅的總數。螺旋蠅的數量不算多，因此可以實現投放。家蠅就不同了，投放會使其數量成倍增加，儘管只是暫時的，肯定也會遭到人們的反對。另一方面，可以把不育劑藏在誘餌裡，然後放置在自然環境中，蒼蠅吃了這種食物就會絕育，經過一段時間，不育蒼蠅就會成為主宰，慢慢地牠們就會自行滅絕。

絕育劑試驗效果的測試要比化學藥劑的檢測困難多了。評估一種化學絕育劑需要三十天，當然，可以同時進行多種實驗。從一九五八年四月到一九六一年十二月，奧蘭多實驗室對幾百種化學藥劑的絕育效果進行了篩選。

即使只挑選出幾種有希望的藥劑，農業部也感到很興奮。現在，農業部的其他實驗室也在研究這個問題，檢測化學藥劑在螫蠅、蚊子、棉籽象鼻蟲以及各種果蠅身上的效果。目前所有的項目還處於試驗階段，但是這項工作在短短幾年之內進展非常迅速。理論上，它還有很多吸引人的特性。尼普林博士指出，「有效的絕育化學劑很容易超越最好的殺蟲劑。」想像一下，數量為1百萬的昆蟲種群每過一代就增加5倍，殺蟲劑能夠殺死每代昆蟲的90%的話，三代過後還剩下12萬5千隻。相比之下，能使90%昆蟲不育的化學劑投入使用，過相同時間後，只會剩下125隻昆蟲。

另一方面，有些絕育劑屬於強力化學品。幸運的是，研究人員至少從一開始就十分注意選取安全的化學品和使用方法。儘管如此，還是有人建議從空中噴撒絕育劑——例如，在舞毒蛾幼蟲破壞的葉子上噴藥。在沒有徹底研究其危害之前進行這樣的嘗試是極不負責任的。如果不把絕育劑的潛在危害銘記在心，我們很容易陷入比殺蟲劑問題更糟糕的困境之中。

現在進行測試的絕育劑分為兩大類，它們的作用方式都很有趣。第一類與細胞的新陳代謝有關，絕育劑的成分與細胞或者組織所需要的物質非常像，以至於生物體會把它們「誤認為」真正的代謝物，從而納入正常的生長過程。但是在細節上就會出現一些問題，導致生長過程停滯。這種化學物質叫做抗代謝物。

第二類物質是作用於染色體的化學品，它們可能對基因的化學成分產生影響，而導致染色體斷裂。這類絕育劑屬於烷化劑，是一種反應強烈的化學物質，可以嚴重破壞細胞、損傷染色體、引發突變。倫敦切爾西貝蒂研究院的皮特．亞歷山大博士認為：「所有能使昆蟲絕育的烷化劑都可能是強力誘變劑和致癌物質。」且設想一下，這些化學物質如果用於昆蟲防治的話，肯定會遭到「最激烈的反對」。因此，我們期望透過實驗不僅能夠找到這些化學品的實際用途，還能發現其他安全、更有針對性的化學藥劑……

目前所進行的研究中，有些項目頗為有趣，就是利用昆蟲的某些習性製造對付牠們的武器。昆蟲會產生各種毒液、引誘劑、驅斥劑。這些分泌物有什麼樣的化學性質呢？我們能把它們用作特定的殺蟲劑嗎？康乃爾大學以及其他地方的科學家正在研究昆蟲的防禦機制和其分泌物的化學結構，試圖找到問題的答案。另外一些科學家正在研究所謂的「保幼激素」，這是一種強力物質，能夠保證幼蟲到了一定階段才會發生變化。

引誘劑的發明可能是對昆蟲分泌物最直接、最有用的探索結果。這一次，又是自然為我們指明了方向。舞毒蛾就是一個很有趣的例子。雌蛾身體過重，飛不起來。牠只能在地面上或者接近地面的地方生活，像是在低矮的植被裡活動，或者在樹幹上爬行。相反，雄蛾飛行能力很強，牠們會被雌蛾的特殊腺體釋放的氣味吸引，甚至會從很遠的地方飛來。多年來，昆蟲學家一直利用舞毒蛾的這種習性，不辭辛苦地從雌蛾體內提取這種引誘劑，然後在昆蟲分布的邊緣地帶用來調查昆蟲的數量。但是這一方法花費不菲。儘管東北部各州都有蟲害現象，但是並沒有足夠的雌舞毒蛾來提供引誘劑。因此必須從歐洲進口人工蒐集的雌蛹，有時候每隻蛹的成本高達0.5美元（約新臺幣16元）。經過多年的努力，近來農業部的化學家成功分離出了這種引誘劑，這是一大突破。由於這一發現，科學家成功地行海狸油的某種成分製成了合成材料，它與天然引誘劑效果一樣，足以騙過雄蛾。

每個捕蟲器中只需1微克（1/1000000克）就足夠了。這遠遠超出了學術意義，因為這種全新及經濟的「引誘劑」不僅可以用於昆蟲調查，還可以用於昆蟲防治。現在，人們正在試驗幾種更誘人的潛在用途。在這種叫做心理戰的實驗中，在一種顆粒材料中加入引誘劑，從飛機上撒下。這樣做的目的是迷惑雄蛾，使其改變正常行為，在到處彌漫的氣味中找不到雌蛾。有的實驗是引誘雄蛾與假雌蛾交配，使用的也是這種方法。在實驗室中，只需用引誘劑恰當地浸染一些小東西，就能引誘雄蛾與小木片、蛭石以及其他無生命的小物品交配。這種誤導舞毒蛾交配的方法是否能減少昆蟲的數量還不得而知，但這種可能性非常有意思。

舞毒蛾引誘劑是首例人工合成的性引誘劑，可能很快就會有其他引誘劑研製出來。科學家正在研究適用於各種農業害蟲的人工引誘劑。其中，海森蠅和菸草天蛾的實驗效果令人振奮。人們正在嘗試把引誘劑和毒劑結合在一起來對付一些昆蟲。政府機構的科學家研製出了一種叫做「甲基丁香酚」的引誘劑，東方果蠅和瓜蠅會對此情不自禁。人們把這種引誘劑與另一種毒素相結合，在距離日本南部724公里的小笠原群島進行了實驗。用這兩種物質浸染纖維板細片，然後用飛機撒遍整個群島來捕殺雄蠅。這項「捕殺雄蠅」的計畫開始於一九六〇年。一年之後，農業部估算99%的昆蟲都被消滅了。這種做法明顯優於使用傳統的殺蟲劑。使用的有機磷毒素只存在於纖維板上，不會被野生動物吃掉。此外，殘留物消散迅速，不會對土壤和水源造成汙染。

但是，昆蟲間的交流並不是完全憑著吸引或者排斥的氣味實現的。幾種雄蛾能夠聽到蝙蝠飛行時發出的超聲波（像雷達系統一樣在夜間導航），從而避免被捕食。一些鋸蠅幼蟲聽到寄生蠅拍動翅膀的聲音後，會擠成一團保護自己。從另一方面講，鑽木昆蟲振翅的聲音也會使寄生蟲找到牠們；對於雄蚊而言，雌蚊拍翅相當於是在唱情歌來勾引牠。

我們能利用昆蟲探測聲音和對此做出反應的能力做些什麼呢？雖然處於試驗階段，但是反覆播放雌蚊拍翅的聲音成功地吸引了雄蚊，這十分令人感興趣。雄蚊因此被引誘到電網上而喪命。加拿大正在試驗超聲波的趨避效應，以對付玉米螟和糖蛾。夏威夷大學兩位研究動物聲音的權威人物休伯特．弗林斯教授和梅布爾．弗林斯教授（Hubert and Mable Frings）相信，只要找到正確的方法，就可以利用現有昆蟲接發聲音的知識來影響野外昆蟲的行為。趨避聲音可能比引誘聲音的實用前景更光明。他們發現，八哥聽到同伴痛苦的尖叫會四散逃離，這個發現使兩位教授聞名遐邇；可能這個發現可以應用於昆蟲。對於工業領域的實業家而言，這樣的可能貨真價實，至少已經有一家大型電子公司準備設立實驗室進行試驗了。

聲音也可以用來直接殺死昆蟲。超聲波可以殺死實驗槽裡所有的蚊子幼蟲，但也能殺死其他水生動物。在其他實驗中，空氣中的超聲波幾秒內就可以殺死綠頭蒼蠅、粉虱以及黃熱病蚊子。所有這些實驗還只是邁向全新昆蟲防治理念的第一步，將來神奇的電子學可能會把這一切都變成現實……

新生的生物防治並不限於電子學、伽馬射線和人類的其他發明。有的方法由來已久，其原理就跟我們一樣，昆蟲也會得病。就像古代的瘟疫一樣，細菌感染也會摧毀整個昆蟲種群；在病毒的攻擊下，大批昆蟲會患病並死去。早在亞里斯多德時代之前，人們就知道昆蟲也會患病；中世紀詩歌中就記載了桑蠶患病的事例。巴斯德因研究桑蠶的病因，在人類歷史上首次發現了傳染病的原理。

困擾昆蟲的不僅包括病毒和細菌，還有真菌、原生動物、微型蠕蟲以及其他有益的微小生物。微生物不只是病原體，有的還可以處理廢物、使土壤更加肥沃，而且能夠進入無數的生物代謝過程，例如發酵和硝化作用等。為什麼不讓它們幫我們控制昆蟲呢？

十九世紀的動物學家艾利・梅契尼科夫（Elie Metchnikoff）是第一個想到利用微生物的人。在十九世紀最後十年和二十世紀前半葉，微生物防治的理念逐漸成型。一九三〇年代末，利用乳白病治理日本甲蟲證明了我們可以其環境中引入一種疾病來控制牠們，而這種疾病是由芽孢桿菌引起的。我在第 7 章已經提過，這一經典案例在美國東部有著悠久的歷史。

現在，人們對蘇雲金桿菌的實驗寄予厚望。一九一一年，在德國圖林根，人們發現這種細菌會導致麵粉蛾幼蟲患上致命的白血病。實際上，這種細菌的殺傷力來源於毒性，而不是疾病。在這種細菌的營養棒上，形成了孢子和一種由蛋白質構成的特殊晶體物質，而這種蛋白質對一些昆蟲有很強的毒性，尤其是蛾這類的鱗翅類昆蟲。幼蟲吃了帶有這種毒素的葉子後，會出現麻痹、無法進食的症狀，很快就會死去。實際看來，停止進食的效果是一大優勢，因為只要投放了這種病菌，昆蟲對莊稼的破壞就會立刻停止。現在，美國已有數間公司正在生產不同品牌的蘇雲金桿菌孢子化合物。

其他也有幾個國家正在進行實地測試：法國和德國在測試菜粉蝶的幼蟲，前南斯拉夫在檢測美國白蛾，前蘇聯在檢驗天幕毛蟲；在巴拿馬，試驗始於一九六一年，這種細菌殺蟲劑可能會解決當地蕉農所面臨的嚴重問題。那裡的根蛀蟲對香蕉樹危害嚴重，牠們破壞樹根，使香蕉樹很容易被風吹倒。狄氏劑曾是對付根蛀蟲唯一有效的化學藥劑，但是現在它卻導致了一系列災難的發生。根蛀蟲產生了抗藥性。狄氏劑還毒死了一些重要的捕食性昆蟲，從而引起了另一種體型短小精悍的昆蟲——卷葉蛾不斷增加，其幼蟲會在香蕉表面留下疤痕。有理由相信，新型微生物殺蟲劑會在維繫自然平衡的前提下，消滅卷葉蛾和根蛀蟲。

在加拿大和美國東部林區，細菌殺蟲劑可能是對付蚜蟲和舞毒蛾等森林害蟲的重要武器。一九六〇年，兩國都使用了蘇雲金桿菌商業製劑進行實地試驗。初期的結果就使人深受鼓舞。例如，在佛蒙特州，細菌防治的效果絲毫不遜色於ＤＤＴ。目前，主要的技術問題是找到一種溶液，用它把孢子黏在常綠樹木的針葉上。莊稼不存在這一問題，甚至可以使用藥粉。人們已經在各種蔬菜上試驗細菌殺蟲劑，尤其是加利福尼亞。

與此同時，另外一個不那麼引人矚目的是關於病毒的研究。在加利福尼亞，苜蓿苗上噴了一種物質，這種物質與殺蟲劑一樣可以殺死苜蓿毛蟲。這種溶液含有毛蟲屍體的病毒，而毛蟲正是感染了這種致命的病毒才死的。只需要5隻患病的毛蟲就可以提取足夠的病毒治理4千平方公尺的苜蓿。在加拿大一些林區，有種病毒可以有效地控制松樹鋸蠅，它已經取代了殺蟲劑。

捷克斯洛伐克的科學家正在試驗用原生生物對付結網毛蟲及其他害蟲。在美國，人們發現了一種原生生物寄生蟲可以降低玉米螟產卵的能力。提到微生物殺蟲劑，有人會想到濫殺無辜的細菌戰。但事實並非如此。與化學品不同，昆蟲病原體只針對昆蟲才發揮作用。昆蟲病理學的權威人士愛德華·史丹豪斯博士（Edward Steinhaus）強調：「無論是在實驗中，還是在自然界，都沒有發生昆蟲病原體導致脊椎動物患病的確鑿案例。」

昆蟲病原體針對性很強，只會影響幾種昆蟲——有時候只影響一種。從生物學上講，牠們不會引起高級動物或植物患病。史丹豪斯博士還指出，自然界中昆蟲的疾病只影響某些特定種類的昆蟲，而不會危及宿主植物或捕食性動物。

昆蟲有很多天敵，有各種微生物，還有其他昆蟲。達爾文大約在一八〇〇年首次提出了可以增加昆蟲的天敵來抑制某種昆蟲的建議。這可能是最早的生物防治措施，一般人們會認為這是替代化學品的唯一方法。在美國，傳統的生物防治始於一八八八年，其標誌是在這一年，昆蟲探險家的先驅亞伯特·科貝利（Albert Koebele）前往澳洲尋找吹綿蚧的天敵，因為牠們給加州柑橘產業帶來了嚴重的威脅。我們在第15章已經提到了，這項計畫取得了巨大成功，在此後的一個世紀裡，美國人開始在世界上到處尋找昆蟲天敵來控制一些不速之客。在美國，引進的捕食性昆蟲和寄生蟲中，有大約1百種存活了下來。除了科貝利引進的澳洲瓢蟲外，其他昆蟲也取得了良好的效果。從日本引進的黃蜂完全控制了侵襲東部果園的某種昆蟲。一些意外從中東引進的斑點苜蓿蚜蟲的天敵拯救了加州的苜蓿產業。就像細腰黃蜂對日本甲蟲的控制一樣，寄生蟲和捕食性昆蟲也對舞毒蛾實現了有效抑制。據估算，對介殼蟲和粉蚧的生物防治每年可以為加州節省數百萬美元。加州著名的昆蟲學家保羅．德巴赫估計，在加州4百萬美元（約新臺幣1億3千萬元）的生物防治產生的效益高達1億美元（約新臺幣32億元）。

在世界各地大約有40個國家成功地運用這種方法控制了害蟲。與化學品相比，生物防治優勢明顯：成本低廉、一勞永逸、無任何殘留。然而，生物防治得到的支持卻寥若星辰。加州是唯一具有正式生物防治計畫的地區，而很多州居然連一個熱衷於此項計畫的昆蟲學家都沒有。也許利用昆蟲天敵實現生物防治還欠缺科學上的嚴密性——他們對被捕食昆蟲種群的影響沒有做到仔細研究，投放數量也不精確，而投放數量是成敗的決定性因素。

捕食性昆蟲和被捕食的昆蟲並不是簡單的映射關係，牠們共處於同一個生態系統中，因而要考慮所有的因素。傳統的生物防治方法可能最適用於林區。高度人工化的現代農業與大自然的性質迥然不同。但森林不一樣，更接近於自然環境。這裡只需要人類蜻蜓點水式地幫點小忙，大自然就可以自由發揮，創造出神奇而複雜的制衡體系，而免受昆蟲的過度侵害。

在美國，我們的林業人員好像只想到了引進寄生蟲和捕食性昆蟲的生物防治方法。加拿大人的思路更為開闊，而歐洲人最先進，他們把「森林保健學」發展到了極致。在歐洲林務員眼裡，鳥類、螞蟻、森林蜘蛛以及土壤中的細菌跟樹木一樣，都是其中的一部分，他們在防治一片新的森林時，會考慮到這些保護性因素。第一步就是幫助鳥類生存。在森林集約發展的今天，老的空心樹已經蕩然無存，因而啄木鳥和其他以樹為家的鳥類就失去了家園。這個問題可以用鳥箱來解決，這樣就把鳥兒帶回了森林。也有專門為貓頭鷹和蝙蝠設計的箱子，這樣，牠們就可以接小鳥的日班，在晚上繼續捕食昆蟲。

但這還只是開始。歐洲林區一些別致的控制計畫利用了森林紅蟻作為捕食性昆蟲——不過很可惜，在北美並沒有這種螞蟻。大約在二十五年前，符茲堡大學的教授卡爾．格斯瓦爾德（Karl Gösswald）發現了培育蟻群的方法。在他的指導下，德國聯邦的

90個測試點發展起了1萬多個紅蟻群。義大利以及其他國家也採用了格斯瓦爾德教授的方法，他們紛紛建立起螞蟻農場，供給森林投放使用。比如，在亞平寧山脈，人們已經發展了數百個蟻群，以保護新造的林區。

德國默爾恩市的林務官海因茨．魯佩茲舍芬博士（Heinz Ruppertshofen）說：「如果有鳥類和螞蟻保護森林，還有蝙蝠和貓頭鷹，說明生態平衡已經得到了改善。」他認為，為森林引進單一捕食性昆蟲或者寄生蟲不如各種「天然夥伴」更有效。

默爾恩市林區新建的蟻群被鐵絲網保護起來了，以免啄木鳥啄食牠們。在一些實驗區，啄木鳥的數量在過去十年裡增長了400%，用這種方法可以避免蟻群遭到重創，還能使啄木鳥專心對付森林裡的毛毛蟲。大部分照料蟻群（還有鳥箱）的工作由當地學校10到14歲的孩子承擔。其實成本非常低，而對森林的保護卻是永恆的。

魯佩茲舍芬博士的工作裡，另一個有趣的特徵就是對蜘蛛的利用，在這方面他可能是開山鼻祖。關於蜘蛛的分類和歷史雖然有大量的文獻，但都零零散散、殘缺不全，根本沒有考慮牠們在生物防治方面的價值。在已知的2萬2千種蜘蛛中，有760種生活在德國（美國約有2千種），其中有29種生活在森林裡。

對於林務人員而言，蜘蛛最重要的特徵就是牠所織的網。輪網蛛是最重要的，因為牠們的網最細密，可以捕捉到任何飛行昆蟲。十字蜘蛛的大網上（直徑為40公分），大約有12萬個黏性網結。一隻蜘蛛在其18個月的生命中能消滅2千隻昆蟲。在生物齊全的森林裡，每平方公尺有50到150隻蜘蛛。如果少於這個數目，可以蒐集和投放卵囊來彌補不足。魯佩茲舍芬博士說：「3隻橫紋金蛛（美國也有）的卵囊可以孵化1千隻蜘蛛，共可捕食20萬隻昆蟲。」在春天出現的輪網蛛幼蟲雖弱小但尤其重要，他提到，「因為牠們在樹枝頂端織網，這樣就避免了嫩芽受到侵害」。隨著蜘蛛不斷脫毛長大，網也逐漸變大了。

加拿大的科學家也採取了相似的調查路線，雖然北美地區的森林多是天然形成的，而不是人工種植的，而且使之保持健康的物種也不一樣。加拿大人更重視小型哺乳動物，牠們在昆蟲防治方面作用十分突出，尤其是針對那些生活在林地鬆軟土層裡的昆蟲。其中有種昆蟲叫鋸蠅，之所以得名是因為雌鋸蠅長著一個鋸齒狀的產卵管，牠會先用鋸齒狀的產卵管把常青樹木的針葉割開，然後把卵注入針葉內。孵化的幼蟲最終會掉落在腐殖土上或者雲杉和松樹下的土層上，形成蠅繭。但是在地面之下就是小型動物的各種隧道，形成了蜂巢狀的世界，這些動物包括白足鼠、鼷鼠以及各種鼩鼱。貪吃的鼩鼱總能找到並吃掉最多的鋸蠅繭。牠們會把一隻前足搭在繭上，從底部開始咀嚼，鼩鼱的感覺靈敏，能準確判斷是空繭還是實繭。牠們也擁有無與倫比的胃口，一隻鼷鼠每日可以吃掉2百隻蠅繭，而一隻鼩鼱可以吞食8百隻！根據實驗結果看，這可能會使75到98％的蠅繭被吃掉。

不難理解，紐芬蘭島上由於沒有鼩鼱，因此飽受鋸蠅的困擾，當地對於這些精悍高效的小動物翹首以盼，所以他們在一九五八年嘗試引進了最有效的鋸蠅捕食者——假面鼩鼱。一九六二年，加拿大官方宣布，這一嘗試獲得了成功。假面鼩鼱在島上繁殖並擴散開來，人們在離投放點16公里的地方發現了一些標記過的鼩鼱。

對於想維持和加強森林自然生態的林業人員來說，全套武器已經準備妥當。化學防治頂多也就是權宜之計，沒有任何實際效果，卻殺死了河中的魚兒，毀滅了益蟲，破壞了自然生態和即將展開的生物控制。魯佩茲舍芬博士說：「森林中相互依存的關係被打破了，寄生蟲災害的間隔時間也越來越短……所以，我們必須在最重要也可能是最後的自然之地上停止人為控制。」

透過這些嶄新且富有想像力和創造力的方法，解決我們與其他生物共用地球的問題，使這個主題變得日漸清晰——我們如何對待其他生命，包括生物種群、牠們的壓力與反壓力以及牠們的繁榮與衰敗。只有充分考慮各種生命的力量，並謹慎地引導向有利於人類的方向發展，我們與昆蟲才能和諧共存。

使用毒劑大行其道，但這種做法沒有考慮這些最基本的因素。就像穴居人揮舞的原始大棒一樣，化學品像子彈一般射向了各種生命。從一方面來說，生命極其脆弱，很容易被破壞；從另一方面來說，它又有神奇的韌性和恢復能力，能用出人意料的方式反擊。化學防控人員在執行任務時毫無「高尚」可言，面對自然的強大力量時也沒有一絲謙卑，他們無視生命的超常能力。「控制自然」這個詞產生於生物學和哲學的原始階段，是人類孤傲自負的寫照，當時人們認為自然只是為人類提供便利。應用昆蟲學的觀念和做法大都可以追溯到石器時代的科學。如此古老的科學卻用最先進、最可怕的武器把自己武裝起來，對付昆蟲的同時也在毀滅地球，這樣的不幸的確值得人類警醒。

i 生活 45

寂靜的春天

瑞秋·卡森逝世60周年紀念版

作　　者　瑞秋・卡森 Rachel Louise Carson
譯　　者　王普華
總 編 輯　林獻瑞
責任編輯　周佳薇
行銷企畫　呂玠忞
封面設計　高郁雯
書封插畫　Weean Yang
內文排版　紫光書屋
校　　對　周季瑩

出 版 者　好人出版 / 遠足文化事業股份有限公司
新北市新店區民權路 108-2 號 9 樓
電話 02-2218-1417　傳真 02-8667-1065
發　　行　遠足文化事業股份有限公司（讀書共和國出版集團）
新北市新店區民權路 108-2 號 9 樓
電話 02-2218-1417　傳真 02-8667-1065
電子信箱 service@bookrep.com.tw　網址 http://www.bookrep.com.tw
讀書共和國客服信箱 service@bookrep.com.tw
讀書共和國網路書店 http://www.bookrep.com.tw
團體訂購請洽業務部 02-2218-1417 分機1124
郵政劃撥　19504465　遠足文化事業股份有限公司
法律顧問　華洋法律事務所　蘇文生律師
印　　製　博創印藝文化有限公司　電話 02-8221-5966
出版日期　2024 年 9 月 4 日
定　　價　新臺幣 400 元
I S B N　978-626-7279-91-5
978-626-7279-87-8（PDF）
978-626-7279-88-5（EPUB）

國家圖書館出版品預行編目(CIP)資料

寂靜的春天：瑞秋・卡森逝世60周年紀念版 / 瑞秋・卡森作；王普華譯. -- 初版. -- 新北市：遠足文化事業股份有限公司好人出版：遠足文化事業股份有限公司發行, 2024.09
面；　公分. --（i 生活；19）
譯自：Silent Spring
ISBN　978-626-7279-91-5（平裝）
1.CST: 農藥汙染 2.CST: 環境化學 3.CST: 環境汙染

445.96　　113011461